Foto: Christian Edgar Scholz

introspektiv #3

Natürliches

PROSA:IST:INNEN

Herausgegeben von Julia Hoch und Sabine Gelsing

Impressum

www.gelsing-hoch.de

Lektorat: Sabine Gelsing / Schlussredaktion: Julia Hoch
Fotos: Maiken Brathe, Sabine Gelsing, Dominic Hoch, Julia Hoch, Christian Edgar Scholz
Coverfoto: Christian Edgar Scholz
Satz und Layout: Dominic Hoch / Julia Hoch

Herausgeberinnen: Prosa:ist:innen – Julia Hoch & Sabine Gelsing
www.prosaistinnen.de

ISBN: 978-3-98595-296-0

INHALTSVERZEICHNIS

9 Martina Lenz - Zwei Gärten

15 Markus Schneider - Gezeitentümpel

19 Katja Kipping - Nach Norden

25 Michael Duszat - Handreichung zu Ihrer Hartland-Reise

29 Fabian Lutz - Nest

35 Sonja Dörr - Im Wald der Undurchdringlichkeiten

38 Interview mit Anja Liedtke

43 Markus Peter - Und hinter seinem Haus eine Welt

51 Karina Luger - Materie

55 Liv Modes- Roona

59 Oliver Graf - Sehenden Auges in den Untergang

65 Johann Seidl - Das Geheimnis

68 Iliana Karagialani - Trügerisches Idyll

74 Hilfe, meine Texte klingen künstlich - Artikel von Daniela Esch

79 Ulla Schuh - Geißbart

83 Thyra Thorn - Evolution

89 Benjamin Wimmer - Inseln

95 Anne Buchmann - Ein Streifzug mit Philosophin

101 Tina Brüggener - Runden

104 Buchrezensionen

106 Kurzvitas & Interviews

Foto: Christian Edgar Scholz

Liebe Leser:innen,

das zweite Jahr von Prosa:ist:innen ist in vollem Gange und vor euch liegt nun die dritte Ausgabe von *introspektiv* – das Literaturmagazin, das Schreibenden eine Plattform für ihr literarisches Arbeiten bietet.

Für diese Ausgabe suchten wir Texte, die das Thema »Natürliches« ins Licht rücken, ausleuchten, auf- und verarbeiten.

Natur umgibt uns, formt und fordert uns. Freundin und Feindin. Natur sind wir. Gewachsen und geworden. Angeboren. Ungezwungen.
Der Mensch, wie er sich gibt, wie er sich sieht: über, neben, in und mit der Natur. Oder gegen sie? Natürliches vs. Künstliches.

Über 130 Einsendungen landeten in unserem E-Mail-Postfach und da das Thema von etlichen brillant umgesetzt wurde, fiel es uns schwer, uns auf die vorher festgelegte Textanzahl zu beschränken. Letztlich schafften es 17 Texte in dieses Magazin.

Aus der Redaktion

Wir bedanken uns von Herzen bei allen Autor:innen und hoffen, sie sind bei der nächsten Ausschreibung wieder dabei, wenn es um das Thema »Päckchen« geht.

Alle Ausschreibungsmodalitäten und weitere Informationen sind wie immer unserer Website www.prosaistinnen.de zu entnehmen.

Wir freuen uns besonders darüber, dass wir die Autorin Anja Liedtke für ein Interview zum Thema Nature Writing gewinnen konnten, in dem sie uns von ihrer eigenen Arbeit berichtet und Tipps zum Schreiben über die Natur gibt. Außerdem bereichert unser Magazin erneut ein Artikel von Daniela Esch, der unsere natürliche Schreibstimme in den Fokus rückt.

Zwischen den Kurzgeschichten und Artikeln findet ihr 15 #introspektivminiaturen, die aus den montags bei Instagram vorgeschlagenen Impulswörtern entstanden sind. Es sind kleine Schätze – und wir sind immer wieder fasziniert, wie dicht und ausdrucksstark Texte mit einer geringen Zeichenzahl (unter 800) sein können.

Wie immer freuen wir uns über Kontakt – via soziale Medien, per E-Mail oder bei unseren Online-Netzwerktreffen.

Sabine Oelsing und Julia Hoch

Foto: Maiken Brathe

Zwei Gärten

Martina Lenz

Ludger stand am Fenster und sah hinüber in seinen Garten.

»Es ist nicht dein Garten«, hörte er die Stimme seiner Mutter sagen.

»Doch«, erwiderte er und war sich bewusst, wie absurd dieses Gespräch war. Seine Mutter war vor zwei Jahren gestorben. Aber sie hatte zu lange frierend am immer beheizten Kamin in dem großen Salon hinter ihm gesessen und kommentiert, was er tat. Er war daran gewöhnt.

»Doch, meiner«, sagte er noch einmal und hob den Feldstecher an die Augen. Gestern hatten sie drüben das Gerüst vom Haus abgebaut und jetzt, so früh am Samstagmorgen, führte der Architekt einen Mann durch den Nachbargarten. Ludger sah das feine Gesicht des Mannes, als stünde er vor ihm und stellte zufrieden fest, wie es einen zunehmend entzückten Ausdruck annahm. Still gingen die beiden an den bogenförmigen Grasinseln entlang, auf denen dicht an dicht das hohe Reitergras stand, sie durchschritten die Bodenwelle, in der Kamelien im Schutz von Riesenfarnen blühten. Erst als sie zu den frisch ausgehobenen Pflanzlöchern in der Nähe des Teiches kamen, sprachen die beiden wieder. Ludger sah, wie der Architekt die Schultern hob. Es wirkte wie: »Keine Ahnung, ich weiß von nichts.« Der Mann mit dem feinen Gesicht, er musste so um die fünfzig sein, schaute ernst, sah suchend um sich. Ludger trat etwas vom Fenster im ersten Stock der Stadtvilla zurück. Aber er konnte nicht aufhören, den anderen anzusehen. Er fand ihn schön. Tief in ihm klang etwas, ein schwingender Ton wie der Schlag einer weit entfernten Glocke.

Jahrelang hatte die Nachbarsvilla, die genau so aussah wie seine, leer gestanden. Die Erben konnten sich, so hieß es, nicht einigen. Seit mehreren Wochen aber waren dort nun Handwerker zugange, am Baustellenzaun hing das Schild eines Architekturbüros mit dem Foto des Inhabers. Eines Abends hatte der Mann vom Foto an Ludgers Tür geklingelt. Wahrscheinlich wollte er sich vorstellen und dies oder das über die Nachbarschaft herausfinden. Ludger hatte nicht geöffnet.

Er hob wieder den Feldstecher. Der Architekt war verschwunden, wahrscheinlich ins Haus gegangen. Der Mann hingegen schlenderte scheinbar absichtslos durch den Garten, näherte sich aber Schritt für Schritt der dicht bewachsenen Grundstücksgrenze. Ludgers Körper spannte sich, der Mann hatte sein Blickfeld verlassen, aber er wusste: Gleich würde der Fremde das Tor in der Hecke entdecken. Ludger hatte es freigeschnitten, damit er mit seiner Schubkarre und den Geräten durchkam. Damit man es nicht gleich entdeckte, hatte er in zweiter Reihe Rispenhortensie, Jasmin und goldene Wolfsmilch gepflanzt. Doch wenn man direkt davor stand, half dieser Sichtschutz nicht. Wie erstaunt würde der andere sein, welche Überraschung in den dunklen Augen glänzen, wenn er durch das Tor blickte. Ludger konnte es sich genau vorstellen: Sein Garten war identisch mit dem Nachbarsgarten – wie ein aufgeklappter Spiegel lagen die beiden nebeneinander. Eine Ausnahme gab es: Auf Ludgers Seite waren die Pflanzlöcher am Teich schon gefüllt, eine Wolke wilder Veilchen wies auf die Farbe der neuen Stauden hin: Blauraute und hochwachsende Bartblumen »Gran Bleu«. Die exakt gleiche Anzahl davon hatte Ludger noch einmal in seinem Gartenhäuschen stehen. Für die andere Seite. Am Abend würde Ludger sie einpflanzen. Aber wie würde es dann weitergehen?

Mechanisch erledigte er seine Samstagsroutinen: einkaufen, Wäsche, vorkochen für die Woche. Und er dachte nach.

Vielleicht konnte man sich einigen. Dass er den ganzen Garten weiter gestaltete und sich, wie es seine Gewohnheit war, abends und morgens darin aufhielt? Ganz hoffnungslos war das nicht, Ludger konnte sich mit den meisten Menschen einigen.

Sein Chef, IT-Verantwortlicher für die gesamte Stadtverwaltung, Ludger war sein Stellvertreter, schickte immer ihn zu den schwierigen Fällen. Zu denen, die neue Software boykottierten und bei den Transformationsprojekten ihre Arbeitspakete nicht ablieferten.

»Ich verstehe nicht, wie Sie das machen«, sagte er, wenn der Prozess nach Ludgers Besuch bei den störrischen Mitarbeitern weiterging.

Ludger hob die Schultern. Er behandelte die Menschen einfach wie seine Pflanzen. Sorgte, soweit es ihm möglich war, dafür, dass ihr Umfeld stimmte. Gab ihnen genau bemessene Portionen Wissen – wie Dünger. Und ging regelmäßig vorbei, um sie mit seinem zurückhaltenden Lächeln und ermunterndem Augenzwinkern zu versorgen. So wie er Blumen und Kräuter und Stauden in seinen Gärten goss. Darüber hinaus ließ er sich auch von schlechter Laune und Streit nicht abschrecken. »Das«, so dachte er manchmal, »habe ich bei meiner Mutter gelernt«, und schickte ihr ein Quäntchen Dankbarkeit.

Einmal hatte sein Chef ihn gefragt, wie er denn als Systemadministrator mit einer solchen Ruhe vorgehen könne. So jemand sei ihm in der IT noch nie begegnet.

»Wir sind doch, wenn wir ehrlich sind, alle hibbelige Nerds«, hatte er gesagt und dabei verlegen gelacht.

Ludger hatte ernsthaft überlegt: »Ich glaube, es ist, weil ich in meiner Freizeit an einer Art Paradies baue.«

Spätestens da hatte er seinen Ruf als komischer Heiliger weg. Es störte ihn nicht.

Nur Francine, seine Freundin aus der Stadtkasse, nahm ihn ernst. Einmal hatte sie versucht, ihn zu verführen. Sie landeten nach Kaffee und Kuchen auf ihrer Couch, lagen nebeneinander. Sie, das vitale, rothaarige Pummelchen, er der schlanke, immer in Grünbraun gekleidete Blondschopf. Ihre tastenden Finger hatten ihn nur gekitzelt, sie lachten und dann geschah lange nichts. Bis Francine sich aufrichtete, auf den Ellbogen stützte, erst an sich, dann an ihm heruntersah.

»Ich glaube«, sagte sie, »wir passen nicht zusammen. Aber vielleicht können wir Freunde sein?«

Danach hatte er ihr die Gärten gezeigt. Es war Sommer, Francine ging durch wogende Blüten und Gräser, ein bienenklingender, vielfarbiger Teppich mit immer wieder überraschenden Mustern.

»Das ist so wunderbar«, sagte sie, »so … so kunstvoll und dabei so natürlich wie von einem Gott mit sanfter Hand geschaffen.«

Ludger kannte Francines Hang zum Pathos, das Kompliment hatte ihn trotzdem gefreut. Und jetzt sollte ein anderer Gott sich in seinem Garten ergehen, dachte Ludger bei seiner samstäglichen, langen Joggingrunde und beschleunigte unwillkürlich. Ihm fiel nichts ein, was er dagegen tun könnte. Wenn der andere einzog und das Tor schloss.

Da war er schon.

Ludger war verschwitzt bei seinem Haus angelangt, vor der Villa drüben stand ein Umzugswagen, der Mann mit den dunklen Augen dirigierte die Möbelpacker. Ludger hob vage den Arm zum Gruß, zurück kam ein freundliches Nicken. Es machte ihn verlegen und glücklich zugleich, sein Herz tat plötzlich einen unnötigen Schlag. Warum schüchterte der neue Nachbar ihn ein, überlegte er, stellte sich unter die Dusche und wusch seine Haare. Wieso fühlte er sich mit seinen knapp dreißig ihm gegenüber wie ein 14-Jähriger? Er hatte doch nichts Verbotenes getan. Im Gegenteil. Wenn er sich nicht gekümmert hätte, würde der Nachbar auf kahlen Boden und in ein glitschiges Teichloch schauen. Etwas Shampoo geriet in sein Auge, es brannte und er ließ Wasser über sein Gesicht laufen. Das unangenehme Gefühl, dass seine Gartenarbeit missfallen könnte, ließ sich nicht abwaschen.

Abends dauerte es, bis drüben das Licht ausging. Es war nach Mitternacht, als Ludger seine Karre mit den vorgewässerten Pflanzen und einem Sack Erde durch das Tor schob. Der Himmel war leicht bewölkt, aber die paar Sterne und der hin und wieder auftauchende Mond gaben ihm genug Licht. Beim letzten Pflanzloch schüttelte er die Erde direkt aus dem Plastik, es raschelte ein wenig und er hielt inne. Nein, nichts. Er drückte die Erde fest und merkte erst dabei, dass er seine kleine Schaufel verloren haben musste. Sie hing nicht mehr an seiner Werkzeugschürze. Ludger ging auf die Knie und leuchtete vorsichtig mit dem Handydisplay.

»Darf ich helfen?«, fragte jemand von der anderen Seite des Teiches. Eine Taschenlampe flimmerte auf, Ludger sagte wie selbstverständlich: »Ja, gerne.«

Nur seine Stimme krächzte dabei ein wenig, das tat sie manchmal, wenn er überrascht wurde. Oder sich freute.

Der Nachbar achtete darauf, Ludger nicht zu blenden, kam herüber und streckte ihm die Hand hin:

»Ich bin Thomas. Willkommen in einem der schönsten Gärten, die ich je gesehen habe.«

Sie suchten gemeinsam und fanden die Schaufel, Thomas begleitete Ludger bis zum Tor. Er hielt die Taschenlampe so, dass ihrer beider Gesichter von unten beleuchtet wurden. Sie standen voreinander. Manchmal strich Ludger über die Blätter von Lorbeer, Sonnenbraut, Astern – einfach, weil er es liebte, die zartgeäderte Glätte unter seinen Fingern zu spüren. Dasselbe wollte er jetzt mit Thomas Gesicht tun – die schmalen Wangen mit den beginnenden Bartschatten, die Lippen, in diesem Licht von allerdunkelstem Rot.

Thomas nahm ihm die Werkzeugschürze ab, legte sie in die Schubkarre. »Komm, wir trinken noch etwas bei mir – wenn du magst.« Er sagte es leise und Ludger nickte und fand es das Natürlichste der Welt, dass Thomas ihm den Arm um die Schultern legte und ihn auf dem Weg zum Haus etwas an sich zog.

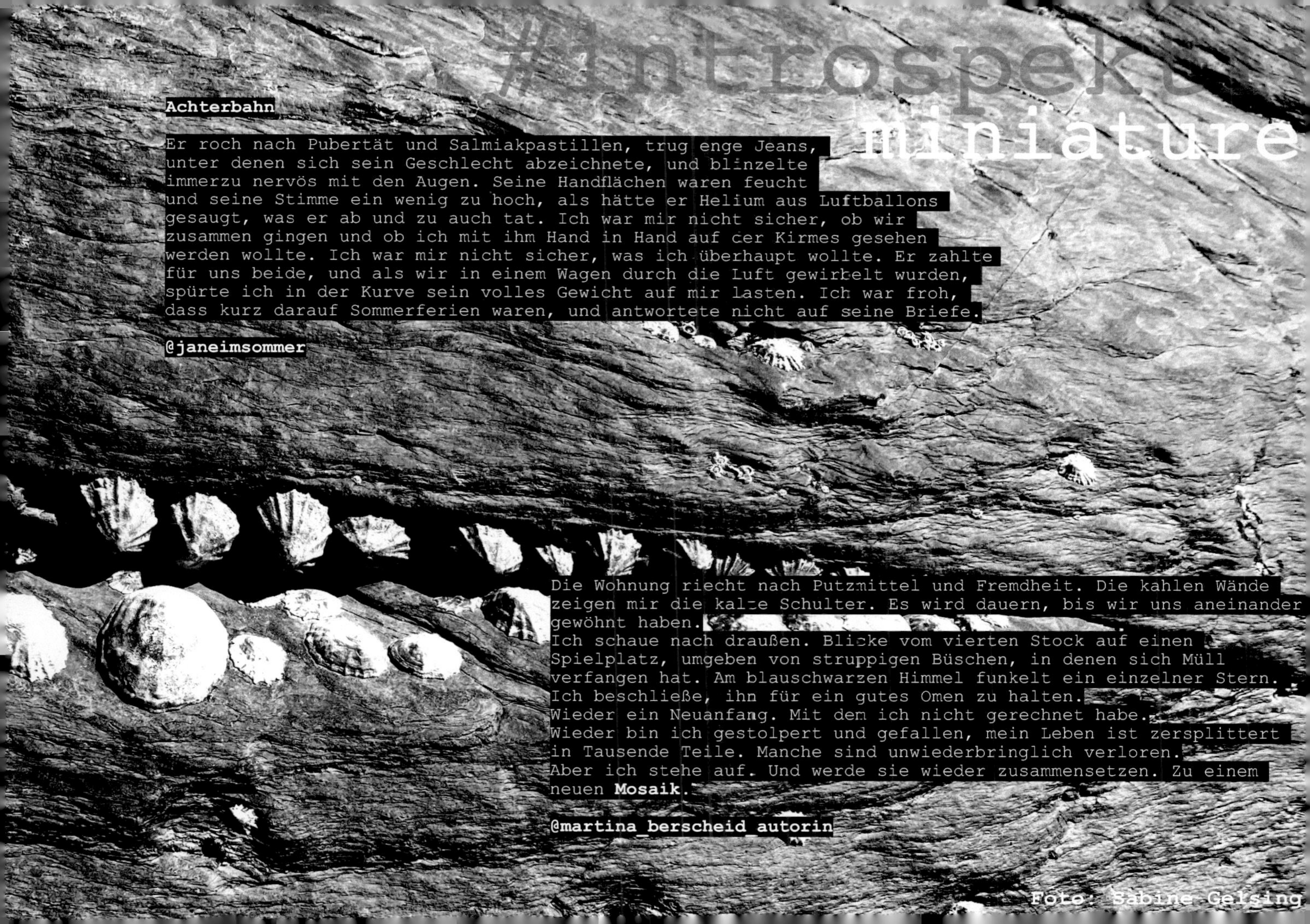

#introspekt
miniature

Achterbahn

Er roch nach Pubertät und Salmiakpastillen, trug enge Jeans, unter denen sich sein Geschlecht abzeichnete, und blinzelte immerzu nervös mit den Augen. Seine Handflächen waren feucht und seine Stimme ein wenig zu hoch, als hätte er Helium aus Luftballons gesaugt, was er ab und zu auch tat. Ich war mir nicht sicher, ob wir zusammen gingen und ob ich mit ihm Hand in Hand auf der Kirmes gesehen werden wollte. Ich war mir nicht sicher, was ich überhaupt wollte. Er zahlte für uns beide, und als wir in einem Wagen durch die Luft gewirbelt wurden, spürte ich in der Kurve sein volles Gewicht auf mir lasten. Ich war froh, dass kurz darauf Sommerferien waren, und antwortete nicht auf seine Briefe.

@janeimsommer

Die Wohnung riecht nach Putzmittel und Fremdheit. Die kahlen Wände zeigen mir die kalte Schulter. Es wird dauern, bis wir uns aneinander gewöhnt haben.
Ich schaue nach draußen. Blicke vom vierten Stock auf einen Spielplatz, umgeben von struppigen Büschen, in denen sich Müll verfangen hat. Am blauschwarzen Himmel funkelt ein einzelner Stern. Ich beschließe, ihn für ein gutes Omen zu halten.
Wieder ein Neuanfang. Mit dem ich nicht gerechnet habe.
Wieder bin ich gestolpert und gefallen, mein Leben ist zersplittert in Tausende Teile. Manche sind unwiederbringlich verloren.
Aber ich stehe auf. Und werde sie wieder zusammensetzen. Zu einem neuen **Mosaik**.

@martina_berscheid_autorin

Foto: Sabine Gelsing

ezei
tentü
mpel

Gezeitentümpel

Markus Schneider

Wenn du dich selbst kaum kennst, verlierst du hier noch den letzten Rest.

Die Weite, das Konturlose. Ablaufendes Wasser. Irgendwo weit draußen. Gezeitentümpel haben sich gebildet. In einem jagt ein Seestern eine Miesmuschel. Ein Krake mauert den Eingang seiner Höhle mit kleinen Steinchen zu. Ein Zusammenkommen auf Zeit, entstanden durch Ebbe und Zufall.

Kräfte, die niemand kennt.

Bis zur nächsten Flut.

Braun in braun in braun, die Farben um dich herum dehnen sich aus, enden nirgends, und deine müden Augen können es nicht fassen. Irgendwann verschwindet das Braun im Blau des Himmels, und wo das eine aufhört und das andere anfängt, kann dir niemand sagen.

Du sitzt am Rand und doch in der Mitte, alles hier ist Mitte und Rand zugleich, nichts begrenzt dich oder hält dich auf, und nie war Alleinsein endgültiger.

Und greifbarer.

Eine gewaltvolle Weite. Gehaltvoll, voller Irrwege und Umwege, gewaltig nah, eine Landschaft, die du aus irgendwelchen Gründen als »schön« beschreiben würdest. Vielleicht als »spröde«. Vielleicht auch als »ergreifend«.

Wenn »ergreifend« nicht so ein langweiliges Wort wäre, abgedroschen und viel zu dramatisch.

Und die Probleme, die sich beim Beschreiben dieser Landschaft einstellen, passen zu dir, passen zu deinem Leben.

Wie du da so sitzt. Und starrst.

Wenn du da draußen wärst, würdest du dich jetzt schnell umdrehen und das Ufer in den Blick nehmen, langsam zurückgehen, schwere Schritte, ein Ziel vor Augen. Aber du sitzt. Und starrst. Als wärst du dafür geboren; und wenn nichts in dir ist, hier kommt nichts dazu.

Oder eine halbe Metapher, vielleicht.

Und du versuchst, das alles zu begreifen. Begriffsstutzig, wie du bist. Abgegriffen, wie du bist.

Wortlos, wie du dich fühlst.

Natürlich, da sind Farben, und eigentlich sind da nur Farben. Sich ergänzende Farben, Farbverläufe, ein Ineinanderlaufen von Farben wie Wasserfarben auf nassem Papier, und meistens ist es hier grau und neblig und diesig, eine einzige Wand aus matten Farben, aber selbst heute, wo es sonnig ist und trocken und die Weite dich zu erdrücken droht, ist da wenig, woran du dich mit deinem Blick festhalten kannst. Fast nichts.

Du kannst zwar Priele erkennen und weißt, dass die doppelten Holzpflockreihen, die bei Hochwasser nicht zu sehen sind und die nun ins Watt ragen, »Lahnung« heißen.

Aber das kann dich auch nicht retten.

Zu wenig. Und was dann noch bleibt, ist das Starren. Gedankenlos und mit wenigen Worten.

Wie der allererste Mensch.

Der Schlick ahmt die Form der Wellen nach, die noch vor wenigen Stunden über ihn gebrandet sind. Immer gleiche Bewegungen, unterbrochen nur von einer einzelnen Fußspur, und irgendwo weit draußen ist das Rot einer einsamen Windjacke zu erkennen, wie ein kleiner Blutspritzer auf einem Holztisch.

Und Wolken.

Warum nicht die Wolken, denkst du, irgendeinen Halt suchend. Wolkenbeschreibungen. Herrliche Wolkenbeschreibungen, dem Himmel so nah.

Wo der Himmel sonst endlos ist, sich unerbittlich aufspannt, wo die Landschaft wie ein leeres Blatt Papier ist und die Maßlosigkeit der Möglichkeiten offenbart, und gleichzeitig das Scheitern aller Versuche, daraus etwas zu formen oder zu gewinnen.

Da bleiben einem wie dir nur die Wolken.

Wolken sind einzelne Worte, und die eine Wolke hat nichts mit der nächsten zu tun. Du schaust hoch. Legst den Kopf in den Nacken. Siehst: Wattebäusche. Mehr nicht.

Erneut zu wenig.

Immer die gleichen Worte; keine Verben, keine Adjektive – außer »groß“ und »klein«.

Keine Sätze.

Du bräuchtest Worte wie »Cumulus« oder »Cirrus«, aber du hast nur »Watte« und »Wolke«, und die Wattewolken sehen alle aus wie Wolken oder wie Watte. Oder wie beides zugleich. Keine Gesichter. Keine Elefanten. Keine Nachrichten vom besseren Leben. Keine Herzen. Keine Drachen.

Nichts.

Ein Schiff würde dir jetzt guttun, am Horizont, ein richtiges Schiff, ein Fischkutter etwa oder eine Fähre, die auf die Halligen fährt und die Post abliefert. Liebesbriefe, Rechnungen, Einladungen.

Das pralle Leben.

Aber kein Schiff.

Nicht mal ein Kanu.

Und auch wenn das Watt voller Leben ist, jeder Millimeter ein Universum, aus einer bestimmten Perspektive ist es einfach nur braun und Schlick häuft sich auf Schlick, umgeben von noch mehr Schlick, und irgendwann, nun ja, der Himmel.

Vereinzelte Wolken.

Aber das hattest du ja schon.

Und du weißt zwar, dass es »der Krake« heißt und

nicht »die Krake«, und das ist schon mal was, und auch, dass der Krake auf die Flut wartet, sicher hinter seiner Mauer aus Steinchen.

Aber meine Güte.

Niemand sitzt hier neben dir; niemand, dem du das erzählen kannst.

Niemand wartet auf Geschichten vom Watt. Von dir. Von irgendwem. Von der Mitte deiner Seele, von den Rändern eines Lebens.

Wo auch immer das ist. Was auch immer da ist.

Könnest du doch wenigstens an die Seele glauben. Und an Heilung. An Leben. Oder Kunde.

Vielleicht ist das ganze Leben ein Gezeitentümpel, denkst du, und das ist alles, was du von hier mitnehmen kannst: eine halbe Metapher.

Vielleicht warten wir alle auf die Flut, um von hier wegzukommen, ins offene Meer, raus aus den Bezügen; raus aus Feind, Freund, Zufall; raus aus den Fesseln von Zeit und Sprache; und ob du Seestern oder Miesmuschel oder Krake bist, das entscheidest du nicht selbst.

Sondern irgendwer. Oder Pech.

Ebbe und Flut.

Ein Seufzen. Ein Windhauch. Deine Haare zu lang, deine Gedanken zu kurz, und du brichst auf.

Fort von hier, weil du nach Hause musst, ein Blick auf die Uhr, die leere Wohnung, das Essen, die Arbeit, das Bett. Irgendwas wartet und fragt nicht, wo du warst, da musst du hin; zurück in die Begrenzungen, Beschreibungen; zurück in dein beschriftetes Leben.

Und irgendwas an dir ist immer nass geworden; sei's der Hintern oder eine Socke, sei's ein Auge. Und du fühlst dich sehr müde und sehr, sehr klein.

Und dennoch, du weißt.

Bald, sehr bald wirst du wieder hier sein. Sitzen. Und starren.

Und vielleicht etwas mitbringen.

Etwas mehr an Zeit. An Worten.

An dir von diesem Ort.

Nach No

Foto: Christian Edgar Scholz

Nach Norden

Katja Kipping

Als ich nicht mehr schlafen konnte, war es Zeit. Ich hatte es satt, mich nachts stundenlang von Dokus berieseln zu lassen, weil die getragenen Stimmen der Sprecher angeblich dafür sorgten, dass man einnickt. Ich wusste Bescheid über den Urwald, den Pazifischen Feuerring und rätselhafte Unterwasserkreaturen. Nur geschlafen hatte ich wieder nicht. Das flackernde Licht des Fernsehers erhellte je nach Szenenwechsel die Tristesse meiner Wohnung. Wie eine Taschenlampe leuchtete der Bildschirm mein nächtliches Leben aus. Büro, Haushalt, Sorgen: der Dreiklang meiner Tage. Einschlafversuche, Panik, Grübelei: der Dreiklang meiner Nächte. Ich musste da raus. Als ich im Büro anrief und kurzfristig um Urlaub bat, hatte mein Chef seltsam viel Verständnis. Das mag am vorgeschobenen familiären Notfall gelegen haben, den ich wohl überzeugend rübergebracht hatte. Zwei Wochen raus! Der Schlafentzug entkoppelte mich von meinem rationalen Denkvermögen. Ich wollte zu Fuß gehen, nur das war klar. Planlos warf ich ein paar Sachen in meinen alten Wanderrucksack, suchte stundenlang auf dem Dachboden nach dem Schlafsack, den ich zuletzt 1998 beim Campen in Kroatien benutzt hatte. Er roch nach Moder und aus dem Futter rieselte Sand. Wanderschuhe hatte ich nicht, nur meine weißen Sneakers. Meine Haushaltskasse in der Bonbondose beinhaltete genau 143,27 Euro. Ich fand Kekse, zwei braungesprenkelte Bananen und eine abgelaufene Packung Müsliriegel. Das war meine Ausrüstung. So zog ich los. Niemand wusste Bescheid. Ich hatte ja nicht mal Pflanzen, die ein Nachbar hätte gießen können. Post? Die paar Rechnungen würden auf mich warten. Kurz war ich versucht, Lisa eine Nachricht zu schicken, scheiterte aber an der Formulierung. Ich bin dann mal weg? Mach dir keine Sorgen? Bin vorübergehend nicht zu erreichen? Das war doch Bullshit! Ich hatte schließlich nicht vor, nach Santiago de Compostela zu pilgern oder am Grünen Band Schmetterlinge zu zählen. Ich wollte einfach nur raus. Also schrieb ich keine Nachricht, schaltete das Handy aus und legte es auf die Kommode neben dem Eingang. Und dann zog ich die Tür hinter mir zu und ging einfach. Mein erstes Ziel war der Bahnhof. Dort wollte ich mit einem Tagesticket in irgendeinen Regionalzug steigen und am verlassensten Bahnwärterhäuschen, das ich unterwegs entdecken würde, aussteigen und loslaufen. Doch nach fünfzig Metern schwungvollen Ausschreitens meldete mir ein Funken Restverstand, dass es vielleicht doch keine so gute Idee war, ohne Handy loszuziehen. Ausgeschaltet und im Gepäck verstaut – das wäre doch ein guter Kompromiss. Ich drehte um, holte das Smartphone und ging sicherheitshalber noch mal aufs Klo. Aber dann zog ich wirklich los. Im Zug ließ ich Brandenburgs Felder an mir vorüberziehen und nach zwei Stunden hielt die Bahn an einer Haltestelle, die noch nicht mal einen Fahrkartenautomaten hatte, … geschweige denn ein Bahnwärterhäuschen. Ein Zaun mit einem Tor – dahinter zwei verlassene Häuser, das war alles. Ich stieg aus. Einfach nach Gefühl, das hatte ich mir vorgenommen. Es kam mir nicht auf die Strecke an, die zurückgelegten Kilometer waren mir egal. Der Weg sollte das Ziel sein und so.

Gott, wie dämlich kann man sein! Dieses ganze Eso-Selbstfindungsgequatsche! Nach gerade mal fünf Kilometern hocke ich unter meiner Gewebeplane im Gebüsch, während ein Gewitter über mir niedergeht. Mit der Plane hatte ich im Winter die Balkonmöbel abgedeckt und es für eine gute Idee gehalten, sie mitzuschleppen. Ich konnte ja nicht wissen, dass Gewebeplane nicht wirklich dicht ist. Ich betrachte das feinlöchrige Geflecht von unten und wische mir die Tropfen von der Brille. Nach einer halben Stunde bin ich nass bis auf den Slip. Es kann nach einem Regenguss sehr kalt werden im Spätfrühling, wenn alles, was man am Leib hat, mit Wasser vollgesogen ist. So ein Mist! Tapfer wringe ich aus, was sich auswringen lässt, genehmige mir eine ins Tiefbraune gewechselte Matschbanane und kratze die zerdrückten Reste der zweiten Frucht von meinem Schlafsack. Ich muss laufen, mich bewegen. Das, was vorhin noch ein hübscher Feldweg war, gleicht einer Schlammgrube. Die Brühe schmatzt in meinen Turnschuhen, während ich versuche, die tümpelgroßen Pfützen zu umschiffen. Mit weißen Turnschuhen wandern zu gehen, ist in etwa so hilfreich, wie im Frack einen Kartoffelacker umzugraben. Wenigstens kommt die Sonne raus. Die Gänsehaut verschwindet und ich befestige vorausschauend den Schlafsack ganz oben am Rucksack, damit er heute Nacht trocken ist. Ganz blöd bin ich nicht. Nach anderthalb Stunden komme ich in ein kleines Dorf. All die umzäunten Häuser, die spießbürgerlichen Schutzwälle mit ihren Rosengärten und Buchsbaumhecken. In der Dorfmitte gibt es sogar eine Art Konsum – Kreativladen heißt das hier. Das muss ich mir ansehen! Beim Betreten des Geschäfts habe ich klare Vorstellungen von der Verkäuferin: Öko-Wallekleidung, Veganerdürre und so ein Klapsband um den Kopf. Natürlich stehen dort die üblichen Regale aus hellem Holz, übersichtliches Sortiment, Sojamilch vorm Kaffeeautomaten und Weidenkörbchen als Einkaufshilfe. Ich habe es gewusst. Beim Bücken nach einer Flasche Wasser räume ich mit dem Rucksack fast das Regal gegenüber ab. »Vorsicht, junge Frau!« Neben mir steht ein Mann, der jedem US-Basketballer Konkurrenz machen könnte. »Huch«, ich versuche, mein Gleichgewicht wiederzufinden. »Glück gehabt«, flötet er und nimmt mir das Getränk ab. »Darf es noch etwas anderes sein?« Das Ökoaktivistinnenbild in meinem Kopf zerplatzt. »Nein, danke, ich bin nur auf der Durchreise.« Er hebt die Augenbrauen. »Auf der Durchreise? In Kleinweiler? Aha – wo soll's denn hingehen?« Mit dieser Frage hatte ich nicht gerechnet. »Nach Norden«, bemühe ich mich beiläufig zu klingen und zähle das Geld auf den Tresen. »Ich muss dann mal weiter.« Wasser, Rucksack und nichts wie raus hier. Ich bin noch keine zehn Meter gekommen, da ruft er mir hinterher: »Stopp!« Mit hochgezogenen Schultern drehe ich mich um, rechne damit, vorhin doch etwas kaputtgemacht zu haben. Er lehnt im Türrahmen und deutet in die entgegengesetzte Richtung. »Du musst da lang.« Einen Scheiß muss ich. »Warum sollte ich?«

Er verschränkt die Hände vor der Brust. »Norden!«

Wie ein gerügtes Schulmädchen mache ich kehrt und laufe, ohne ihn anzusehen, in die Richtung, aus der ich gekommen bin. Nicht umdrehen, schärfe ich mir ein. Direkt hinter dem Ortsausgangsschild biege ich in den nächsten Feldweg ein. Das Wasser aus der Plastikflasche kühlt mein Gemüt und ist in einem Zug leer. Der hat sich eindeutig über mich lustig gemacht, dieser Arrogantling. Ich schließe die Augen und atme tief in den Bauch, zähle von zehn runter. Mit jedem Atemzug werde ich lockerer. Dann konzentriere ich mich auf die Umgebung. Neben mir steht eine Feldlerche über dem Acker und verharrt im Singflug ca. fünfzig Meter über dem Boden. Gleich stürzt sie sich hinab. Ich warte. Jetzt! Ob sie ihre Beute erwischt hat? Die Sonne sinkt tiefer und tiefer und färbt den Himmel leicht Rosa. Langsam sollte ich nach einem Platz für die Nacht Ausschau halten. Ein windgeschützter Ort vielleicht, wo ich ein kleines Feuer anzünden kann. Doch wohin ich auch schaue, nichts als weite Felder, die von ein paar Wirtschaftswegen zerteilt werden. Hier kann ich nicht mal meine undichte Plane abspannen. Mein linker Fuß schmerzt, bestimmt eine Blase. Ich schaue hinab und sehe, wie noch immer trockener Schlamm von meinen Schuhen bröckelt. Vielleicht hätte ich einfach vorm Fernseher sitzen bleiben sollen, weiter versumpfen. Hier draußen ist es nicht weniger einsam und leider grübelt es sich beim Laufen auch ganz gut. Müde werde ich immerhin, die ungewohnte körperliche Anstrengung und die frische Luft werden mich bestimmt einschlafen lassen. Das ist meine Hoffnung. Doch als ich auch nach einer Stunde noch immer keinen Platz für die Nacht entdecken kann, kriecht die Panik in mir hoch. Was, wenn mir was passiert? Hier kommt in zehn Jahren keiner vorbei! Für Wildschweine und Füchse bin ich Stadtkind mit dämlichem Wandereinfall leichte Beute – ganz abgesehen von den menschlichen Ungeheuern dieser Welt. Ich sehe nicht mal Bäume, die etwas Zuflucht bieten könnten. Um zurückzugehen, ist es bereits zu dunkel, ich bin mindestens drei Stunden vom Dorf entfernt. Ich nehme den Rucksack ab und setze mich auf einen großen Feldstein am Wegesrand. Ob dort hinten eine Ortschaft kommt? Sollte ich noch ein Stück weiter? Ich streife den linken Schuh ab und die Socke und sehe eine lila-rot gefärbte Blase am großen Zeh. So ein Mist, damit komme ich nicht weit. Obwohl ich es nicht benutzen wollte, wühle ich im Rucksack nach dem Smartphone.

Ohne lange abzuwägen, schalte ich es ein. Nur schauen, wo ich bin. Natürlich kein Empfang! Google Maps lässt mich im Stich. Wie Felix, wie meine Mutter, wie all die ach so guten Freunde. Dabei habe ich versucht, nach Muttis Tod zu funktionieren. Alles habe ich geregelt: die Beerdigung, die Wohnungsauflösung, den Papierkram. Ich habe versucht, die Trauer abzutöten, sie wegzusperren. Wie in einem Vogelkäfig, der von außen zugehängt war, hockte ich in dieser Geschäftigkeit der Erledigungen. Als es nichts mehr zu tun gab und ich dem Hausverwalter Mutters Wohnungsschlüssel übergab, begann der Grund zu schwanken. Ich ging nach Hause und weinte, konnte nicht mehr aufhören und ließ mich auch von Felix nicht trösten. Als er zu eindringlich wurde in seinen Ermahnungen, bat ich ihn zu gehen. Er hat sich nicht lange bitten lassen. Die, die anfangs noch anriefen und nach mir fragten, waren irgendwann die einsilbigen Telefonate leid. Und dann gab es nur noch den Fernseher und die Arbeit. Wie konnte ich so blöd sein und denken, hier draußen könne ich alles vergessen. Eine Maus huscht neben mir in ihr Loch. Die Glückliche. Das Abendrot am Himmel erlischt und eine klamme Kälte zieht von unten an mir herauf. Was nun? Ich wickle meinen Schlafsack um die Schultern und das Kinderlied »Mariechen saß auf einem Stein« ist plötzlich in meinem Kopf. Aus einem Summen wird ein lautes Singen, aus dem Singen ein Lachen und dann laufen mir Tränen über das Gesicht. Da kann ich lange auf diesem Stein hier hocken und auf die gute Fee warten. Weil ich nicht mit dem Erscheinen von Feen oder sonstigen Märchengestalten rechne, breite ich hinter dem großen Brocken meine Plane aus, lege die Isomatte darauf und den Schlafsack. Als ich liege, fasziniert mich der Sternenhimmel über mir so, dass ich meine Angst kurz vergesse. Ich kann die Milchstraße sehen! Der helle Streifen zieht sich wie Geschenkband über den Himmel. Mir fällt es immer schwerer, die Augen offenzuhalten. Ich spüre die kalte Luft auf der Stirn, schließe die Augen und atme die Nacht, bis sie mich mitnimmt. Munter werden, schreit mein Hirn, etwas berührt meinen Schlafsack. Da sind Schnüffelgeräusche, ich fahre hoch und stoße mit dem Kopf an nassfeuchten Pelz. Ein kurzes Jaulen, Zurückweichen, ich fuchtle mit den Armen und kämpfe mit dem Schlafsack. Ein Fuchs? Nein, ein Hund, ein sehr großer Hund! Endlich entkomme ich meinem Kokon und springe hoch.

»Taro, lass sie!«

Wie? Was? Der Hund läuft Richtung Stimme. Auf dem Weg steht ein Geländewagen und vor dem Scheinwerferlicht zeichnet sich eine dunkle Gestalt ab. »Guten Morgen! Ich hoffe, Taro hat dich nicht zu sehr erschreckt. Er jagt eigentlich Wildschweine.« Diese Stimme, der Tonfall, das kommt mir bekannt vor. Mein Puls beruhigt sich erstaunlich schnell. »So ein komisches Schwein hat er bestimmt noch nicht gesehen.«

»Taxi gefällig oder möchtest du lieber weiter im Graben schlummern?«

Blödmann! Wie kommt der eigentlich dazu, mich zu duzen? Ich rolle meinen Schlafsack zusammen, während Hund und Herrchen mich anstarren.

»Komm schon, wenn du weiter in diese Richtung gehst, landest du auf dem Truppenübungsplatz.«

Das ist nun wirklich gefährlich. Ich bin froh, gestern nicht weitergelaufen zu sein. Im Knien stopfe ich alles in den Rucksack, streichle Taro den Kopf, überlege. »Na gut, ist dann wohl besser.« Morgennebel wabert über die Felder und verschleiert die Sicht, als wir über den Schotter holpern. Auf dem Rücksitz Taro, eine lange Tasche, die vermutlich sein Gewehr enthält und mein Rucksack. »Dann habe ich heute wohl ihren Jagderfolg zunichtegemacht?« Er wendet den Blick vom Weg ab und sieht mich an: »Um ehrlich zu sein, bin ich froh, dass wir dich vor den Wölfen gefunden haben.« Sein Lachen übertönt den davonfliegenden Schotter. Klar, ich weiß natürlich, dass es in Brandenburg Wölfe gibt, aber doch nicht hier, eine Tagesreise von meiner Wohnung entfernt. Davon hätte ich gehört. Der will sich doch nur aufspielen. »Seit ungefähr zwei Jahren gibt es ein Rudel beim Übungsplatz und immer wieder einzelne Tiere, die von Polen kommend auf der Suche nach einem neuen Revier durchziehen. Außer einigen Schafsrissen hat es aber noch keinen Ärger gegeben.« Na dann, alles halb so wild. »Was machst du eigentlich hier draußen?«, fragt er und wird ernster. Ich wende mich ab und blicke aus dem Seitenfenster. »Das weiß ich auch nicht so genau.« Er besitzt den Anstand nicht nachzubohren. »Und Sie? Kreativer Jägersmann mit eigenem Konsum?« Er antwortet nicht sofort, wägt seine Worte ab: »Wenn man in der Provinz bleiben und von etwas leben will, muss man sich was einfallen lassen. Ohne den Laden gäbe es nichts mehr im Ort. Keine Kneipe, keinen Bäcker, keine Post. Ich habe es nicht fertiggebracht, das Geschäft zu schließen, als …« Er bricht den Satz ab, als wäre er zu Ende und umkurvt scheinbar hoch konzentriert ein Schlagloch, als wäre es der Marianengraben. Unausgesprochenes hängt im Wageninneren wie draußen der Nebel. Der Hund streckt seine Schnauze nach vorn und leckt mir den Nacken. Die raue Zunge verursacht ein Kribbeln auf der Haut. Als er mein Ohr ausschleckt, kitzeln die Barthaare seiner Schnauze und ich ziehe lachend die Schulter hoch. »Danke für die Morgenwäsche!« Die Sonne hat den Nebel vertrieben, als wir vorm Konsum halten. »Kaffee?«, fragt er. »Gerne«, höre ich mich antworten und wundere mich über mich selbst. Wir steigen die Stufen hinauf und als er die Klinke drückt, hält er plötzlich inne. »Und dann«, er sieht mir in die Augen, »weiter Richtung Norden?« Ich greife in Taros Fell und streichle seinen Kopf. »Mal sehen.« Die Tür hinter uns schließt sich und während er den Kaffeeautomaten bedient, wankt mit einem Mal mein Boden. Ich halte mich an einem Regal fest und merke nach dieser langen Zeit, wie mein innerer Kompass wieder ausschlägt. Und der hat sich noch nie an Himmelsrichtungen orientiert.

Foto: Dominic Hoch

Handreichung zu Ihrer Hartland-Reise

Michael Duszat

Einführung

Eine Reise durch Hartland ist in ihren wesentlichen Zügen ein Ausflug in eine Natureinheit mit abschließendem Bericht. Wenn Sie mit den Grundregeln für Ausflüge bereits vertraut sind, können Sie diese Einführung getrost überspringen. Sollten Sie jedoch noch nie an einem Ausflug teilgenommen haben, lesen Sie sich die folgenden Abschnitte bitte sorgfältig durch.

Als Ausflügler*in versuchen Sie grundsätzlich so zu handeln, wie Sie es auch in der Inneren Kugel tun würden, allerdings unter zum Teil stark veränderten Bedingungen. Da Sie sich in einer unbekannten Natureinheit erst einmal zurechtfinden müssen, sollten Sie sich immer alles genau anschauen. Sie sollten sich jederzeit Notizen machen, damit es Ihnen am Ende möglichst leichtfällt, Ihren Bericht zu schreiben.

Achtung: Wie in der Inneren Kugel ist auch in Hartland jeder Tag anders. Während Sie an einem Tag Windgeräusche als angenehm empfinden, sind Sie am nächsten besonders empfindlich gegenüber Nässe; während Sie an einem Tag viel Ausdauer haben, sind Sie am nächsten besonders empfänglich für bestimmte Verletzungen etc.

Im Verlauf Ihres Ausflugs werden Sie immer wieder vor neue Aufgaben gestellt, die es zu lösen gilt. Ihre neue Umwelt wird Ihr Handeln bestimmen und einschränken, aber mit Geschick und Ausdauer werden sich Ihnen am Ende des Ausflugs das Wesen Hartlands sowie Ihre eigene Stellung darin offenbaren.

Mit Tieren sprechen

Im Verlauf des Ausflugs werden Sie auf zahlreiche unbekannte Tiere treffen. Einige dieser Tiere werden Ihnen zeitweise folgen oder Sie aus der Ferne beobachten.

Manche werden Sie unerwartet unterstützen; andere werden Sie im Stich lassen. Sie werden Teile von Tieren für Ihren Bericht studieren oder als Werkzeuge verwenden. Auf diese Weise werden Sie Hartland verstehen lernen.

Wegen der unvermeidlichen Erfahrung von Isolation werden Sie schon bald mit Tieren ins Gespräch kommen wollen. Nutzen Sie diesen Impuls. Um ein Gespräch zu beginnen, gehen Sie so nah wie möglich an das betreffende Tier heran. Hören Sie zunächst seinem Selbstgespräch genau zu und steigen dann an geeigneter Stelle ein. Manche Tiere werden Ihnen nicht viel zu sagen haben. Andere jedoch sind gerne zu einem längeren Gespräch bereit.

Die Gesprächsführung ist immer situationsabhängig. Folgende Ansätze werden grundsätzlich empfohlen:

1. Sie fragen ein Tier nach seiner Aufgabe bzw. seinem Namen. Vielleicht stellt sich hierbei heraus, dass Ihnen dieses Tier aufgrund einer besonderen Fähigkeit helfen oder Ihnen etwas Wichtiges zur Naturgeschichte Hartlands mitteilen kann.

2. Sie bieten einem Tier den allgemeinen Austausch von Wissen an. (Achtung: Über die Innere Kugel sollten Sie natürlich nicht sprechen.)

3. Sie fragen nach einem bestimmten Gegenstand. Wird der entsprechende Begriff nicht vom Tier angenommen, können Sie ihn evtl. auch per Klopfzeichen vermitteln.

Karte nicht vergessen

Für Ihren Abschlussbericht müssen Sie auch eine Übersichtskarte erstellen. Hier zeichnen Sie alle Gebiete ein, die Sie erfolgreich erkundet haben. Die Übersichtskarte kann Ihnen während des Ausflugs von großem Nutzen sein, etwa wenn Sie sich verlaufen haben oder keinen Ausgang finden.

Tipp: Wenn Sie durch ein Feld mit Dornenpflanzen gehen, unter denen außerdem scharfe Felskanten versteckt sein könnten, senken Sie Ihren Blick gen Boden; laufen Sie nicht erhobenen Hauptes in Ihr Verderben.

Rasten

Auch die besten Ausflügler*innen brauchen mal eine Pause. Sie sollten sich daher ab und zu eine Rast gönnen. Rasten können Sie im Freien. Eine Rast dauert je nach Umständen bis zum Morgengrauen oder etwa acht Stunden lang.

Achtung: Damit Sie sich auch tatsächlich erholen und sich auf Ihren Bericht konzentrieren können, müssen Sie ausreichend Nahrung mit sich führen. Ohne Nahrung kann keine Erholung stattfinden.

Tipp: Sollte eine Rast einmal nicht möglich sein, weil Ihnen z. B. gerade ein zu untersuchender Naturgegenstand wichtiger erscheint oder Sie Lücken in Ihrem Bericht ausbessern wollen, können Sie auch einmal ganz auf das Rasten verzichten.

Gesundheit

Achten Sie während Ihres Ausflugs stets auf Ihre Gesundheit. Zur Übersicht folgt eine kurze Liste körperlicher Zustände, die Ihre Handlungsmöglichkeiten einschränken können:

1. Erschöpfte Ausflügler*innen verfügen nur noch über die Hälfte ihrer Fähigkeiten.
2. Kranken Ausflügler*innen geht jeden Tag eine zufällige Erinnerung verloren.
3. Bewusstlose Ausflügler*innen können keine Aktionen mehr durchführen, bis sie durch Klopfzeichen wieder aufgeweckt werden. (Achtung: Nur wenige Tiere beherrschen die richtigen Klopfzeichen.)
4. Schlafende Ausflügler*innen können nur noch wenig von ihrer Außenwelt wahrnehmen und haben dadurch erhebliche Nachteile.
5. Versteinerte Ausflügler*innen sind zu keinen körperlichen Aktivitäten mehr fähig.
6. Abtrünnige Ausflügler*innen verhalten sich irrational. Es kann sogar passieren, dass sie brauchbare Gegenstände zerstören oder Tiere nicht mehr erkennen.

Los geht's

Nun können Sie diese Handreichung erst einmal für eine Weile auf die Seite legen. Erkunden Sie Hartland, lernen Sie seine Eigenarten kennen und tragen Sie alles zusammen, was Ihnen für Ihren Abschlussbericht wichtig erscheint. Viel Erfolg!

Foto: Dominic Hoch

Nest

Nest

Fabian Lutz

Marmoriert. Das Wort hat Leopold gewählt, um etwas Schönes aus den Ausscheidungen der Vögel zu machen.

Und tatsächlich. Der Kot gibt dem hässlichen Stein der Terrasse ein ungeahnt differenziertes Aussehen. Der mächtige Schiss an frequentierten Stellen wechselt mit den Sprenklern, die vor dem schwarzen Untergrund ein vielschichtiges Relief bilden. Leopold scheint, als hätte sich die Natur ihrer Flugtiere bemächtigt, um die vermeintliche Eindeutigkeit der Welt zu durchbrechen. Marmoriert. Dass Leopold in seiner menschlichen Sprache für diese Neuschöpfung einen Namen finden darf und kann, beglückt ihn.

Die geschmacklosen Steinplatten der Terrasse hat Leopolds Ex angeschafft. In den letzten Wochen vor der Trennung sollte der Garten endlich nutzbar gemacht werden. Den kopfhohen Wildwuchs an der gegenüberliegenden Häuserwand wollten aber weder er noch Leopold bekämpfen. In jedem Fall schien es reizvoll, dem Dschungel einen Platz vorzuladen, auf dem Gartenmöbel oder Topfpflanzen platziert werden können. Dazu kam es aber nicht. Der Platz wurde fertiggestellt und blieb schwarz und verwaist. Die Beziehung war am Ende und Leopold ging in Antipathie gegenüber der Steinplattenkonstruktion. Der Urwald im Hintergrund war ihm etwas Lustvolles und Undurchdringliches, etwas Natürliches, gegen das sich sein steriler Partner schon immer gestellt hatte. Natürlich waren die Steinplatten der Versuch gewesen, einen gangbaren Weg zu schaffen, aber bis zum Urwald reichte er nie. Ein kleiner Tümpel voll singender Frösche blieb dazwischen. Noch bevor sein Ex das trübe Gewässer austrocknen konnte, hat sich Leopold in Anbetracht seines unverminderten Stolzes von ihm getrennt. Die Terrasse wurde zur bloßen Beobachtungsstätte, wobei Leopold zu Beginn nicht wusste, was sich dort noch ereignen würde.

Leopold liebt Jackson Pollock. Einige Kopien der großflächigen Originale hängen eingerahmt und komprimiert in seiner Wohnung. Vielleicht rührt es daher, dass er den wilden Vogelschiss nun in zwei kleinen Rahmen halten will. Mit dem Blick durch die zwei Linsen des Fernglases gelingt ihm das vorzüglich. So muss er seine Besucher auf der Beobachtungsstätte auch nicht unnötig erschrecken. Leopold verbietet sich den Zutritt und schaut nur durch die Fensterscheibe in seinen Garten. Mit Bachs Goldberg-Variationen auf Cembalo im Hintergrund hat seine Beobachtung tatsächlich etwas von einer Kunstschau. Leopold taucht ein und sein Ex taucht wieder auf. Mit Jackson Pollock konnte der zwar nichts anfangen, sein blanker Arsch im Wohnzimmer hatte zusammen mit den Klecksereien im Hintergrund dennoch immer eine sinnliche Mischung ergeben. Leopold geht tiefer in seine Erinnerung. Noch so eine Spritzerei, eine ganz natürliche, denkt er und kichert. Kichert in sich hinein und überhört dabei fast das metallische Geräusch, fast das Geräusch, das immer klirrender, lauter in seine Ohren bohrt. Fast, denn das Geräusch zwingt seinen Blick wieder durch die Gläser und auf ein graues Objekt, das quer über der verschissenen Terrasse liegt. Leopold nimmt das Fernglas von seinen Augen, um den zwei, vielleicht drei Meter langen Eisenstab in seiner Gänze erfassen zu können.

Von da an wird es schwierig. Der Anruf beim Ex ist obligatorisch und dann enttäuschend. Der wisse nichts von einer Metallstange, plane überhaupt, keinen weiteren Schritt in Leopolds verwilderten Garten zu tun. Auch der Nachbar winkt ab. Von einer Baustelle bei Wildmanns aber wisse er, was Leopold daran erinnert, dass er seine spießbürgerliche Nachbarschaft eigentlich gar nicht kennt. Notwendig scheint Leopold der Gang zum Bauplatz wegen dieses Stabes aber nicht. Er belässt es beim Wissen um den Herkunftsort des Eisens und begibt sich wieder zu seinem Ausguck. Die Vögel scheinen sich an der Stange nicht zu stören. Leicht umflattern sie den Gegenstand, ihre Schnäbel in sanfter Berührung mit dem Metall.

Am nächsten Morgen hat sich das Eisen verdreifacht. Die Stäbe liegen übereinander. Leopold beobachtet die Zusammenstellung und fragt sich wieder, ob sein Ex und die Baustelle etwas miteinander zu tun haben. Nur fast sieht sich Leopold herausgefordert, seinen Ausguck zu verlassen. Das Fernglas längst aus den Händen betrachtet er die Vögel, die sich still und ruhig auf dem Eisen niedergelassen haben. Die Stangen glänzen. Präzise fällt jeder Schiss in die Zwischenräume der Konstruktion. Leopold lächelt. Nur ein Banause sieht im vielfältigen Wirken der Natur bloße Zufälle.

Die nächsten Tage ist Videomitschnitt. Leopold hat das Stativ vor der Fensterscheibe zum Garten positioniert. Die Kamera filmt in höchster Qualität und dank des steten Wechsels der Speicherkarten ewig. Mit seinem Sinn für Ästhetik kann Leopold das Folgende erahnen und staunt nur leise darüber, was ihn am dritten Tag der Baustelle im Garten erwartet. Tag drei, flüstert er, Tag drei und sie haben das Metall gebogen. Tag vier, jetzt flüstert er nicht mehr, Tag vier und aus den Stäben wird ein mehrstöckiges Habitat! Leopold wird sich später ärgern, dass seine Kamera aufgrund eines Konvertierungsfehlers für das Nichts gefilmt hat.

Die Dauer der Bauarbeiten ist nicht abzuschätzen. Dennoch plant Leopold, seinen Ex am siebten Tag einzuladen. Ein Tee nach mehr als einem Jahr Trennung scheint ihm das richtige Mittel einer Versöhnung. Vorsichtig legt er die Bedingungen eines Wiedersehens fest. So glaubt er, seinen Ex nicht zu verschrecken: kein Sex, keine Wiedervereinigung, kein Schritt auf die Terrasse.

Letzteres scheint ihm der anmaßendste Anspruch. Am Telefon klingt sein Ex entspannt und versichert, dass nichts davon eintreten wird, vor allem nicht Letzteres. Leopold meint, ein Kichern herausgehört zu haben.

Leopold und sein Ex sitzen am Esstisch. Noch hat der nichts gesehen. Genüsslich erzählt er von seinem Leben und lehnt sich immer wieder lachend zurück. Einen neuen Freund habe er nicht, Affären habe er nicht, Probleme habe er nicht. Und ja, er sei bei Wildmanns tatsächlich an einer Baustelle vorbeigekommen. Die Arbeiten kämen kaum voran. Irgendwer hätte Baumaterial entwendet. Das stünde sogar in der Zeitung. Unglaublich, wie unfähig Menschen seien, ihre eigenen Projekte wirklich zu einem Ende zu bringen. Menschen also, die einzigen Kreaturen, die es nicht hinbekommen, sich ihr eigenes Nest zu bauen. Der Ex grinst und dann zwinkert er. Leopold wundert das nicht. Verlogen war sein Ex schon immer. Ein Familienleben beschwören, das er selbst immer sabotiert hat. Leopold erwidert das Zwinkern mit diesem schweren Blick, den sein Ex ausreichend kennt. Egal, egal, ermuntert ihn der aber gleich, Leopold wolle ihm doch etwas zeigen. Das komme gleich, kontert Leopold. Er fragt seinen Ex, ob der sich noch daran erinnere, wie sie damals vor dem Gemälde von Pollock gevögelt hatten. Hemmungslos. Sein Ex blickt ihm spöttisch entgegen. Ob er damit den Versöhnungssex meine, der zu nichts geführt habe?

Zusammen steigen sie runter ins Parterre mit Blick auf den Garten. Leopold lässt seinem Ex den Vortritt. Weil er hinter ihm die Treppenstufen geht, kann er über seine hohen, breiten Schultern sehen. Fast hätte er sie gepackt, den anderen geschüttelt, gestoßen, wäre mit ihm die Treppen hinuntergestürzt. Ein paar blaue Flecken wären in schon Ordnung gewesen. Aber eigentlich braucht es das gar nicht – allein der Anblick wird reichen. Und tatsächlich. Sein Ex sieht und erstarrt am Fuß der Treppe. Auch Leopold sieht es und grinst über die Schultern des anderen. Der Augenblick braucht Weile. Leopold schweigt und trommelt die Rhythmen Bachs auf die Schultern seiner großen Liebe. Der schöne Mann vor ihm atmet aus. Dann beginnt er zu lachen. Haha! Auch Leopold beginnt zu lachen. Beide lachen und erst als sich Leopold wundert, warum sich sein Freund nicht zu ihm dreht, fallen ihm die schrillen Obertöne auf. Obertöne, die Leopold aus einer Beziehung kennt, in der Gelächter meist aus Kränkung, dann aus Häme kam. Häme in schrillen Obertönen. Leopold nimmt seine ganze Kraft und dreht den muskulösen Lackaffen zu sich um. Sein Ex kichert noch und blickt mit Wasser in den Augen zu ihm hinab.

»Wow. Bist ja richtig kräftig geworden.«

»Tim. Es geht nicht um mich. Es geht um uns. Schau in den Garten!«

»Uns? Du hast einfach nur deinen Dschungel ausgebaut. Scheiße und darüber Schrott.«

»Bitte, Tim.«

»Okay. Du hast den Garten ruiniert. Bist du jetzt zufrieden?«

»Ach Tim.«

»Was willst du eigentlich noch von mir?«

Leopold steht im Garten. Kein Vogel traut sich mehr ins Nest. Wenn der Mensch hier steht, wird die Schöpfung nicht vollendet. Langsam tritt und kickt Leopold gegen die Wände der Eisenkonstruktion. Das Nest wird nicht vollendet. Die Stäbe fallen umeinander und schließlich kreischen die Vogeljungen. Aus allen Stockwerken der Konstruktion fallen die Vogelkinder. Sein Ex hat nie Kinder gewollt. Er vielleicht schon. Während er tritt und kickt, lacht Leopold. Wer Kinder da leben lässt, wo geschissen wird, muss sich nicht wundern, wenn auch die Kinder plötzlich zu Scheiße werden. Laut lacht und prustet er. Mit seinem Fuß zertritt er ein Vogeljunges, das einen passenden Fleck auf dem zugeschissenen Terrassenboden hinterlässt. Dann geht er und verschwindet im Dunkel des Urwaldes.

Die Zeit der Wandlung ist angebrochen, sagten sie, als sei ich eine Raupe. Dabei nickten sie wissend. Ich richtete mich im Pickelzustand ein und litt unter den Blicken. Ließ mir die Haare wachsen, bis sie mir wie Trauerweidenzweige vors Gesicht hingen. Wohnte hinter dem Gespinst und in sackartiger Kleidung, in der ich mich mindestens wie Janis Joplin fühlte. Hörte mir an, dass ich zu jung war für die Generation der 68er und zu alt, um die ‚Sesamstraße' zu schauen. Zu dick natürlich auch. Steckte scharfe Worte und Schläge ein und beschwerte mich halbherzig.
Streifte den Kokon ab und stand zaghaft für mich ein. Nun fanden sie, ich hätte mich als frustrierte Emanze **entpuppt**. Ich dankte und ließ sie in dem Glauben.

@poesieundalltag

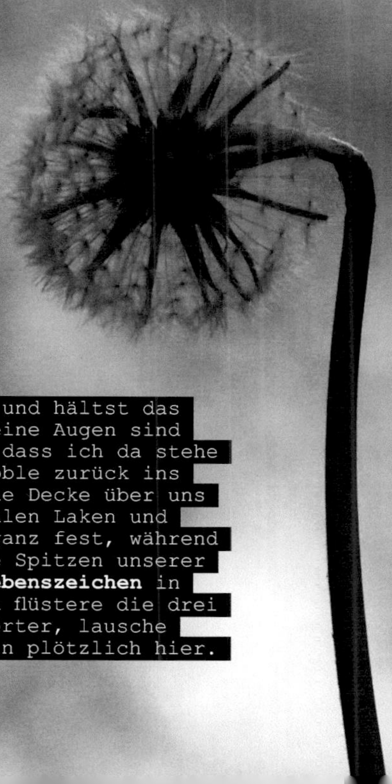

Ich stöbere in den Kisten des Hausflohmarktes, als eine Frau herantritt und weitere Bücher hineinlegt. »Dreimal umgezogen ist wie einmal abgebrannt«, spricht sie mich an. »Das ist mein sechster Umzug in drei Jahren. Eigenbedarf, Mietwucher, Gentrifizierung – das Übliche. Finde mal was Neues! Da musst du dich BEWERBEN, dem Vermieter umfänglich Auskunft geben, am besten mit Schlüpfergröße. Und dann packst du mit Glück deinen **Klimbim** und lädst ihn im nächsten Mietklo ab: Nordlage, Dachgeschoss, kein Balkon, 850 € kalt. Und nach einem Jahr kauft das Haus ein Investor und baut dort klimaprämiengeförderte Luxuslofts. Dann darfst du wieder ausziehen.«
Betreten halte ich mich an dem Buch fest, das ich aus der Kiste gegriffen habe. Sie schaut auf den Einband: »Ah, Jean Ziegler, na so was. Gute Wahl!«

@katja_kipping

Du kannst nicht schlafen, sagst du und hältst das riesige Plüscheinhorn ganz fest. Deine Augen sind geschlossen und trotzdem weißt du, dass ich da stehe und dich nur stumm ansehe. Ich krabble zurück ins Bett, an deine Seite und ziehe meine Decke über uns beide. Dein Körper ist warm auf kühlen Laken und meine Hand greift deine, hält sie ganz fest, während ich näher an dich heranrutsche. Die Spitzen unserer Nasen berühren sich, ein kleines **Lebenszeichen** in einer viel zu dunklen Nacht und ich flüstere die drei kleinen, manchmal viel zu großen Wörter, lausche jedem deiner tiefen Atemzüge und bin plötzlich hier. Nur hier. Mit dir.

@mitder_feder_insherz

Foto: Maiken Brathe

Foto: Julia Hoch

Im Wald der Undurchdringlichkeiten

Sonja Dörr

Grau bedeckte das aufgeschürfte Leder seiner Schuhe. Grau bestaubte auch den ausgedörrten Weg vor ihm. Mit jedem seiner schwerfälligen Schritte wirbelte er eine kleine Wolke auf, die sich erst langsam wieder legte. Die Sonne brannte gnadenlos auf das, was einmal gewesen war, obwohl die Uhr gerade mal 09.11 Uhr zeigte. Sein Blick glitt über das Stoppelfeld. Wo früher einmal Bäume gestanden hatten, ragten nur noch Stümpfe aus dem Boden. Dazwischen größere Äste, unzählige Zweige. Hier und da noch eine schiefe Kiefer oder kümmerliche Grüppchen von Buchen. Und Borke. So viel, dass der ganze verdammte Wald nach Rindenmulch stank. Selbst der Weg war voll davon.

Er blieb stehen. Mit der Kante seiner Schuhsohle wendete er ein Stück Borke, sodass die Innenseite nach oben zeigte. Auch hier das Labyrinth der gefräßigen Spuren des Mistviehs. In der Zeitung hatte er gelesen, dass der Borkenkäfer sich nur wegen des heißen und trockenen Sommers so hatte vermehren können. Schwachsinn! Früher waren die Sommer auch schon heiß und trocken gewesen! Deswegen hatten sie aber nicht gleich den halben Wald abgeholzt!

Während er an einzelnen Laubbäumen vorbeikam und die Sonne unbarmherzig auf seiner Stirn brannte, erinnerte er sich an die Spaziergänge mit Opa. Damals in den 60ern. Da war er noch ein kleiner Steppke gewesen. Zusammen waren sie bis nach Irmgardhausen gelaufen. Jedes Mal durch den Wald. Dabei war es manchmal so dunkel gewesen, als wäre es Abend. Da, wo die Nadelbäume zu strammen Soldaten zusammengestanden waren, wie Opa immer gesagt hatte. Da hatte die Sonne noch so stark scheinen können. Im Wald hatten sie nichts davon bemerkt. Schön war das damals gewesen! Als Kind hatte er sich vorgestellt, dass Zwerge in den Wurzeln der hölzernen Riesen lebten. Das kannten die Kinder heutzutage gar nicht mehr. Saßen den ganzen Tag nur vor der Glotze! Ärsche breit wie ein 50-Liter-Fass!

»Morjen, Rüdiger! Na, wieder auf Schaffe?« Kallmeier mit seiner Stinktöle!

»Morjen, Herbert! Sonst machts ja keiner, wa!« Wie er die Floskeln hasste, zu denen er sich bei jedem bekannten Gesicht gezwungen sah!

»Alles um«, sprach Kallmeier, deutete aufs Stoppelfeld und schüttelte fassungslos den Kopf.

Da hatte er mal ausnahmsweise recht. »Was willste machen, Herbert! Ändern können wa's nicht«, brummte er zurück.

»Haste schon die Scheißdinger in Mohnbach gesehen?«

Mit den »Scheißdingern« meinte Kallmeier die Masten, die für die neuen Trassen gebaut wurden. Ökostrom sollten die angeblich transportieren. Wer's glaubte!

»Hör mir auf! Die Dinger sind ja mehr als doppelt so hoch wie die alten. Wer sich den Quatsch wieder ausgedacht hat!« Erst gestern war er durch Mohnbach gefahren und hatte von der Anhöhe aus auf die neuen Masten blicken können. Wie eiserne Ungetüme hatten sie das ganze Dorfbild verunstaltet. Furchtbar!

»Mach's gut!« Noch kopfschüttelnd verabschiedete sich Kallmeier und setzte sich wieder in Bewegung, um seine Töle weiter auszuführen. Dabei schiss der Köter stets an derselben Stelle. Das wusste das halbe Dorf, weil Herbert die vollen Kotbeutel immer ins Gebüsch warf. Schöne Einladung für die anderen Kläffer, ihren Senf noch gleich dazuzugeben, weil sie den Gestank selbst durch die geschlossenen Tüten witterten. Wehe, da gingst du zu nahe heran! Dann blieb dir die Luft weg!

Ein kurzes Heben der Hand. Ein Pinkeln des Hundes gegen vertrocknete Grashalme und die Begegnung war beendet.

Mühsam quälte er sich den Anstieg hinauf. Nur noch um die Kurve, dann hatte er es geschafft. Am Mittag würde er den Bagger nicht im Wald stehen lassen, wie er es die Tage zuvor gemacht hatte. Er hatte doch keine Lust, sich von der Sonne die Birne verbrennen zu lassen!

Ein leises Rascheln ließ ihn aufhorchen. Als er nach rechts blickte, entdeckte er auf dem Hang zwischen einer umgestürzten Fichte und einem dicken Stumpf ein Reh, welches auf ihn herabstarrte. Auch er war stehen geblieben. Erwiderte den Blick des Rehs, welches sich schließlich umwandte und über abgebrochene Äste sprang, bis es außer Sichtweite war. Die Dinger sah man auch immer seltener. Hatten kaum noch Möglichkeiten, sich zu verstecken. Früher hatten die Scheißviecher seine Rosen gefressen. Bis er einmal mit der Steinschleuder auf ein Kitz gezielt hatte. Da hatten sie sich erschreckt, dass du richtig sehen konntest, wie die die Panik bekommen hatten. Wenn die Viecher wieder aus ihrem Versteck kamen, wurde es Zeit, das alte Ding noch mal zu suchen.

Schwer ging sein Atem. Doch länger stehen bleiben, um weiter zu verschnaufen, war auch Mist. Die Scheißsonne brannte ihm das Hirn heraus! Also weiter. Mit gesenktem Kopf stiefelte er über Geröll, Borke und Zweige. In der Kurve wurde es leichter, weil ein paar Laubbäume etwas Schatten spendeten. Dann hatte er sein Ziel erreicht. Kurz drückte er den Rücken durch. Beide Hände in die Seite gestemmt. Na, da war er ja. Sein alter Kumpel hatte ihm schon einen gewaltigen Dienst erwiesen. Etwas beschwingter waren seine Schritte nun, als er auf den verwaschen-roten Bagger zuging und dabei mit der linken Hand nach dem Schlüssel in seiner Hosentasche tastete. Gerade jetzt, wo er in Rente war, wusste er seinen Kumpel mehr und mehr zu schätzen, da er sich mit ihm eine Kleinigkeit dazuverdienen konnte. Musste man ja heutzutage, wo alles teurer wurde und die feinen Herren von der Politik keine Ahnung vom kleinen Mann hatten. Da war er froh, dass die Waldarbeiter immer mal wieder auf ihn zukamen.

Mit dem warmen Metallstück in seinen schweißnassen Fingern entriegelte er die Tür der Fahrerkabine. Den linken Fuß stemmte er auf die Trittstufe. Mit den Händen hielt er sich an Tür und Sitz fest. Einen Schwung und schon saß er auf dem zerschlissenen Kunstleder. Vertraut fühlte er sich an, der alte Kamerad. Unter dem Sitz holte er eine halb volle Flasche Wasser hervor. Er öffnete sie und nahm einen Schluck. Schmeckte zwar wie Pisse, aber besser als nichts. Dann steckte er den Schlüssel ins Zündschloss. Das beruhigende Dröhnen setzte ein. Er befestigte den Deckel auf dem Flaschenhals und ließ sie wieder unter dem Sitz verschwinden. Er zog die Tür zu und machte sich an die Arbeit. Ordentlich Erde bewegen. Die neue Trasse sollte auch hier direkt durch den Wald führen. An einigen Stellen mussten noch ein paar Laubbäume gefällt werden. Aber weiter unten konnte er schon mal loslegen, damit bald das Fundament gegossen werden konnte. Von dem zusätzlichen Geld würde er einen Zaun um sein Grundstück ziehen. Da bräuchte er die Steinschleuder gar nicht mehr.

Foto: Christian Edgar Scholz

Interview mit Anja Liedtke zum Thema Nature Writing

Liebe Anja, herzlichen Dank, dass du uns für ein Interview zur Verfügung stehst. Deine Naturbeschreibungen sind sehr detailreich und atmosphärisch. Du schaffst es, den Leser:innen Flora und Fauna bis ins Mikroskopische nahezubringen und dabei mit biologischem Wissen zu bereichern. Kannst du einen Zeitpunkt benennen, an dem du bewusst mit Nature Writing angefangen hast? Oder war das immer ein Teil deines Schreibens?

Landschaftsbeschreibungen und Naturerlebnisse bildeten früher den Hintergrund meiner Romanhandlungen. Ganz besonders in der sozial-ökologischen Utopie *Stern über Europa*. Dort sind meine Abenteuer im Hohen Atlas in Marokko eingeflossen, ebenso mein Erleben eines Erdbebens und die Landschaft in Sotschi am Schwarzen Meer und im Kaukasus.

Als ich dann die von Judith Schalansky herausgegebene Naturkundereihe im Verlag Matthes & Seitz in Berlin las, wurde mir klar, dass ich auf Charaktere und Plot verzichten kann. Ich fand eine Literaturgattung, in der die Natur die Hauptrolle spielt, in der die Umwelt ihr Eigenleben entfalten darf wie die Libelle ihre Flügel, nachdem sie sich aus der Larve gezwängt hat.

Was fasziniert dich an Nature Writing?

Ich gehe beim Beobachten, beim Riechen, Schmecken, Fühlen vollkommen auf und ein in die Naturelemente. Ich bin dann ganz bei mir selbst und zugleich ein Teil des Wesens dieses Planeten.

Gab/Gibt es einen Ort, den du ganz besonders gerne beschrieben hast?

Ja, den Falkenstein im Nationalpark Bayerischer Wald. Der Verein WaldZeit e. V. war so freundlich, mich für fünf Tage einzuladen, im Nachbau der Hütte des Nature-Writing-Klassikers Henry David Thoreau zu wohnen und zu schreiben. Ich war den ganzen Tag am Berg und im Wald unterwegs, war ganz Auge, Ohr, Nase und Fingerspitzen und setze mich alle paar Kilometer hin, um zu schreiben. Abends recherchierte ich, was mir an Kenntnissen fehlte und schrieb weiter. Das Ergebnis habe ich gerade zusammen mit dem Lichtung Verlag im Nationalparkzentrum am Falkenstein in Form einer Anthologie unter dem Titel *»Ich ging in die Wälder«… Auf den Spuren Henry David Thoreau im Nationalpark Bayerischer Wald* vorgestellt. Zu meiner großen Freude bin ich für

Text und Vortrag sehr gelobt worden.

Und einen, den du unbedingt bereisen und beschreiben möchtest?

Mehrere: Ich habe Reiseerzählungen aus Israel unter dem Titel *Blumenwiesen und Minenfelder* veröffentlicht. Darin beschreibe ich u. a. die blühende Hochebene des Golan und die Wüste rund um das Tote Meer sowie Wadi Rum und Petra in Jordanien. Das Wüstenerleben möchte ich noch ausweiten, verlängern und intensivieren. Durch Israel zieht sich ein Wanderweg, der Israel Trail, den möchte ich erlaufen.

Außerdem bin ich viele Wochen lang auf Langlaufski durch Norwegen gewandert. Am glücklichsten war ich aber, als der Schnee schmolz und die bunten Flechten zum Vorschein kamen, die auf den Steinen wachsen. Wie Korallen leuchteten sie. Seither möchte ich Skandinavien schneefrei in den Sommermonaten erleben.

Kannst du Autor:innen bzw. Bücher empfehlen?

Den schon angesprochenen Nature-Writing-Klassiker Henry David Thoreau, die ebenfalls schon erwähnte Naturkundereihe von Judith Schalansky, sodann Marion Poschmann *Laubwerk*, Esther Kinsky *FlussLand Tagliamento*, Olga Tokarczuk *Gesang der Fledermäuse*, Adam Nicolson *Der Ruf des Seevogels*, Henry Beston *Das Haus am Rande der Welt*, George Forster *Reise um die Welt* und Adelbert von Chamisso *Reise um die Welt*. Du siehst, was für unterschiedliche Bücher unter die Gattung fallen: Klassiker des Nature Writing, Romane, Lyrik und Sachbücher.

Hättest du einen Tipp für angehende Nature-Writing-Autor:innen? Benötigt man besonderes Wissen?

Auf einem Symposium in Nantesbuch wurde zusammengefasst, worum es beim Nature Writing geht: Achtsamkeit gegenüber der Natur. Das heißt: Die Sinne schärfen, wie ein Maler seine Beobachtung schärft, um zu malen, was er tatsächlich sieht. Das Lesen und Lernen über die Natur sollte sich daran anschließen und beides sich gegenseitig befruchten.

Wo finden Interessierte deine Naturtexte?

Ich lese sie auf poetischen Spaziergängen an der Ruhr, sodann in der erwähnten Anthologie *»Ich ging in die Wälder«… Auf den Spuren Henry David Thoreau*, erschienen im Lichtung Verlag. Eine Naturbeobachtung an der Wupper ist publiziert in der Zeitschrift *Karussell*. (Bergische Zeitschrift für Literatur, Hg.: Literaturhaus Wuppertal e. V., VS Bezirk Wuppertal-Bergisches Land, Autorengemeinschaft im Tal, Ausgabe 12, Nov. 2020.)

Der Text *Ruhrnatur* ist vertont worden in der Reihe Bochumer Bankgeheimnis (https://www.bochumer-bankgeheimnis.de/b/ckcbx4u501op40b09sbw4or5l).

Im Rahmen der Nacht der Bibliotheken hat die Schauspielerin Hella Mascus die Ruhr-Texte »Kokerei«, »Leinpfad«, »Muttental«, »Turnschuh« eingelesen. Sie sind auf meinem YouTube-Kanal zu hören (https://www.youtube.com/channel/UC7lOnIic7d4BmTx6KTy-QtBg).

Eine weitere Naturbeobachtung ist in der Anthologie *Wie weiter? 25 literarische Aussichten zum Ruhrgebiet* im

Eichborn Verlag erschienen. Meine ersten Naturgedichte sind in der Zeitschrift *Die sentimentale Eiche No. 3* publiziert.

Das Interview führte Julia Hoch.

Anja Liedtke schrieb Romane und Reiseerzählungen über Israel, David Bowie, über eine sozial und ökologisch nachhaltige Gesellschaft sowie über die Folgen des Nationalsozialismus für ihre Generation. Ausgezeichnet wurde sie mit dem Bettina-von-Arnim-Preis und zahlreichen Stipendien, für Nature-Writing-Projekte mit einem Stipendium des Goethe-Instituts Tschechien und mit der Franz-Edelmaier-Residenz für Literatur und Menschenrechte, Meran.

Liedtke ist Bundesfachbeirätin für Literatur der GEDOK und Mitglied im Verband Deutscher Schriftstellerinnen und Schriftsteller. Sie war Gründungsmitglied der Lokalen Agenda 21 in Bochum und engagiert sich für eine ökologisch nachhaltige Gesellschaftsentwicklung. Mit wechselnden Kooperationspartnern, wie dem european centre for creative economy (ecce) und dem Ministerium für Heimat, Kommunales, Bau und Gleichstellung des Landes Nordrhein-Westfalen bietet sie Natur- und Literaturinteressierten poetische Spaziergänge im Ruhrgebiet an.

Foto: Privat

Foto: Julia Hoch

Foto: Dominic Hoch

Und hinter seinem Haus eine Welt

Markus Peter

Bevor die Katastrophe das Ende einleitete, kannte ich Rexa schon bald 10 Jahre. Sie betonte gern, dass sie bereits hier gewesen war, bevor Ende der Achtziger der Massentourismus startete und der Insel den Zauber austrieb. Ein zivilisatorischer Exorzismus, um La Palma einzugemeinden in die Welt der Reisekataloge. Das hätte bereits ihr Ende sein können; denn sinnsuchende Aussteiger waren nicht von nordeuropäisch geprägten Bettenburgen, sondern eher vom satten Grün des Urwalds mit den nativen Kunstwerken vormaliger Inselahnen, schneckenhaften Reliefs auf Sandstein, zu begeistern und mit dem blutorangenen Himmel über der Playa, aus dem Rexa irgendein menstruationsassoziatives Bonmot ableitete. Ich fand das ungeschickt, da es die romantische Stimmung störte. Aber jetzt ist mir klar, dass es ihr nie darum ging, ihre – nennen wir sie vorläufig »Gäste« –

sich auf eine Leinwand Caspar David Friedrichs flüchten zu lassen, sondern darum, ihre Übermutterschaft zu unterstreichen, um bei ihren Gästen eine entsprechende Bedeutung zu gewinnen. Daher rührte auch der Name Rexa, wobei sie mir versicherte zu wissen, dass *König* lateinisch zwar *rex*, *Königin* aber nicht *rexa*, sondern *regina* heiße. Das »x« habe aber eine elektrifizierende Signalwirkung, wie eben in Rex, Hexe oder Sex. Bürgerlich, soweit man diesen Begriff mit Rexa in Verbindung bringen konnte, hieß sie Barbara Rangwasser und hatte Anfang der Achtzigerjahre zwischen Tijarafe und Tazacorte einen Kotten gekauft und begonnen, ein Meditationszentrum zu errichten. Ihre Zielgruppe waren nicht LSD-geschädigte Sonnenanbeter der Hippie-Kommunen, die sollten sich nach La Gomera verpissen, ihr ging es mehr um gestandene Manager mit Kaufkraft und Intellektuelle in fordernden Berufen, die über hinreichenden Masochismus verfügten, sich der strengen Meisterin zu unterwerfen. Die Schnittmenge dieser Qualifikationen schränkte den Kreis der Kundschaft ein, aber seit es Burn-out gab, schien ihr Zulauf gesichert.

Mich hatte es nach dem Crash 2008 getroffen, eine Vollbremsung auf der Schussfahrt eines zu schnellen Lebens. Ich bin – war – Rohstoffhändler, arbeitete fünf Tage die Woche achtzehn Stunden, und wenn die Börse am Wochenende geschlossen hatte, blickte ich je nach Jahreszeit auf die von Pulverschnee gepuderzuckerten Wipfel der Bergzinnen um St. Moritz oder auf den See in Genf, der so stoisch unterwürfig zu meinen Füßen lag, dass ich versucht war, mich vom Korbsessel der Ufer-Cocktailbar zu erheben und auf das Glitzern des Wassers zu steigen, um zu Fuß den See zu überqueren. Der Crash an der Börse hatte mich empfindlich durchgeschleudert. Als wenige Jahre später die übliche Medikation aus Alkohol (feinste schottische Ware), Kokain (feinste kolumbianische Ware) und Sex (bei der Auswahl war ich pluralistisch kosmopolitisch aufgestellt, natürlich traf ich angesichts der Auswahl meiner Wochenendziele mehr Französinnen und zur Not Schweizerinnen als exotischere Beute) nichts mehr half, folgte ich einer platonischen Freundin in die Fänge von Rexa. Damals symbolisierte Rexa mit einer gereiften und ins Barocke tendierenden, aber wohlproportionierten Figur vitaler Kraft die intendierte Chimäre zwischen Mutter und Liebhaberin oder Heiliger und Hure. Inzwischen war sie aber auch von Schwerkraft und dem Zahn der Zeit geschlagen, und nachdem ich ihr Alter, das zu schätzen als Blasphemie galt, auf das *Jahr 25 seit Spannkraft* geschätzt hatte, hatte sie zunächst jedes (erotische, nicht jedoch jedes missionarische) Interesse an mir verloren.

Mein bürgerlicher Name ist übrigens Jakob Harder, und meinen abgeklärten Worten haben Sie vielleicht entnommen, dass ich kein Sympath im klassischen Sinn bin, möglicherweise sogar ein Arschloch. Na ja, war. Oder bin. Wie auch immer, da bei Rexa niemand unter der Knute seines bürgerlichen Namens stehen sollte, hieß ich bald York. Rexa bekundete mir, mich durchschaut zu haben und mich vom Machismo, hinter dem ich meine Unsicherheiten verstecke, zu heilen, aber ich schien ein schwieriger Fall. Als sie meinte, ich würde mich dagegen sperren, von einer Frau Hilfe und Richtungsweisung anzunehmen, hatte ich erklärt, ich sehe in einigen Fällen der Weltgeschichte den Beginn des Übels im Einfluss der Frau; begonnen bei Evas schlangenbeeinflusster Überredungskunst gegenüber Adam, Mao Zedongs Gemahlin oder Shila beim Kollegen Osho aka Baghwan bis hin zu Yoko Ono. Und hier muss ich Rexa lassen, dass sie ein Gespür für Menschen hatte und niemanden auf- oder freigab. Während andere – und inzwischen ahnen Sie, dass man ihre Gäste besser »Jünger« nennen sollte – gegen mich ein »Kreuzigt ihn« schrien, insbesondere die in ihrem vormaligen Leben harten und durchsetzungsstarken, nun aber weichgespülten östrogenunterwürfigen Kerle mich verjagen wollten, hatte Rexa in mir doch etwas Nützliches entdeckt. Einen Helfer, der fast für Augenhöhe geeignet war, wozu die stiefelleckenden Ex-Manager, die ihr Massen von Geld in einem orgiastischen Akt opferungsbereiten Masochismus auf Rexas Konto auf den Cayman Islands überwiesen hatten, mit Sicherheit nicht taugten.

Rexa machte für jene Klientel ihre Sache immer noch gut und bediente sie reell. Meditationen zwischen Zen, Yoga und Vegan-Diät, Experimente mit Naturdrogen von halluzinogenen Pilzen über Stechapfel bis zu Bio-Skunk bei psychedelischer Klangschalen-Musik und körperliche Erfahrung durch Erreichung von Erschöpfungszuständen (ich liebte vor allem die ganztägigen Wanderungen durch die Caldera mit den Pinien und Kakteen, die in den mondgleichen Kraterlandschaften einen Protest gegen das kalte und lebensabweisende Grau des Steins boten. Die anderen Jünger bevorzugten zu Beginn ihres Aufenthalts meist die ganztägig verordneten Sexorgien durcheinander bis zu Schmerzgrenzen und darüber hinaus, um als Nächstes das Arbeiten an und auf dem Landsitz Rexas zu wählen. Gratismalocher für Kost und Logis, die sich Rexa leisten konnte, nachdem sie ihre Jünger von der Last ihres Mammons befreit hatte). Die fleißigen Jüngerhände hatten die Bäume um den Kotten bald beschnitten, aus den Wiesen einen Rasencourt gemacht, die Ränder mit dem Lineal gezogen, auf der Terrasse einen Infinity-Pool gemauert, von dem ein Weg italienischen Marmors zum blassrötlichen Mauerwerk des Landhauses führte, in dem im unteren Bereich die Jünger um- und übereinander hausten und Rexa oben in ihrem Olymp.

Aber mich hatte sie nun zu ihrem Buchhalter und, na ja, einer Art Innen- und Außen- wie Finanzminister ihrer, sagen wir es ruhig, Sekte gemacht. Vielleicht hatte sie mich damit auch nur geschickt in ihr Netz eingeflochten, aber sie dankte mir meine Unterstützung damit, attraktiven weiblichen Neujüngern zu predigen, dass von Körpersäften ihres Adlatus und Innenministers natürlich fast so belebende mystische Kräfte zu gewinnen wären wie von ihrem Badewasser, und da Ersteres im Gegensatz zu ihrem Badewasser nichts kostete, verbrachte ich eine recht gut erträgliche Zeit inmitten der im Passatwind rauschenden Kiefer- und Drachenbaumhainen, dem Schmatzen der Wellen an den Küstenwänden am Puerto de Tazacorte und den dichten Bananenplantagen, in denen mich hin und wieder mein Freund Sebastian zu einem Zuckerrohrschnaps empfing. Meist blickten wir dann auf das unter uns flüsternde Meer, während er darüber lamentierte, mit dem Tourismus hätten die Jobs kommen sollen, aber das Versprechen sei gebrochen worden, man habe Profipersonal aus Madrid und Barcelona geholt. »Natürlich,« dachte ich, »hast du geglaubt, dass die Mädchen, die euren Bananen beim Gelbwerden zusehen und die die Bananenspinnen, die in den sonnengekrümmten Stauden ein lauerndes Zuhause haben, totschlagen, die Betten für die Ausländer machen dürfen? Ich sehe überall gebrochene Versprechen.« »Ja,« antwortete ich, »ist ein verdammter Jammer.«

Und dann veränderte die Katastrophe alles.

50 Jahre zuvor hatte zum bislang letzten Mal der Vulkan der Cumbre Vieja sein glühendes Magma auf die Insel gespuckt. Niemand hatte damit gerechnet, in den nächsten Generationen inmitten der verdaulich angerichteten Natur der Insel vom unkontrollierbaren Röcheln und Husten der Cumbre Vieja gestört zu werden; aber die Natur hatte andere Pläne mit der Palmenwelt. Der Vulkan spuckte wieder, ejakulierte gelb-rötliche Lava in den Nachthimmel, ein Schauspiel, im wahren Sinn zum Sterben schön, mit der Ästhetik des natürlichen, prähistorischen Todes wie es sonst nur das Brüllen eines T-Rex hätte darstellen können, warf der Vulkan sein feuriges Innenleben in die rillenförmigen Felsformationen. Geprägt von historischen Ausbrüchen, und durch diese steinernen Flussbetten kroch der goldene Lavaschwall wie ein schleichendes Reptil, geduldig, aber unaufhaltsam. Ich erinnere das Ausbluten der Cumbre Vieja, das Rot etwas heller als Blut, und auf dieser roten Lasur des herannahenden Goldes schwarze Brocken, pfeifend, zischelnd, dampfend, eine Welle in Schwarz, Rot und Gold, was mich zusätzlich irritierte, und dann, als nur noch die todestreuen Jünger unter Rexas Balkon wie unter ihrem Golgatha stehen und rufen, kann ich Rexa überzeugen, den Jüngern endlich zu gestehen, dass ihr Uterus das näher kommende Reptil nicht zähmen wird, sondern dass alle verbrennen werden, und dass sie besser sofort das Anwesen verlassen sollten.

Ich bleibe an der Seite von Rexa, die sich von mir abschirmen lässt, damit ihre Jünger ihre Tränen nicht sehen, die durch die Falten ihres Gesichts bedrohlich auf ihren gestärkten Leinenkragen hindrängen. Über uns fegen das synthetische blaue Licht der Feuerwehren und das Flackern der Urgewalt der Lava hinweg. Das Reptil hat schließlich das Anwesen erreicht, zermalmt verächtlich den Tuilerien gleichen Rasen, gleitet in den Pool, den es in einen fauchenden Kochtopf verwandelt, um diesen mit abkühlenden Gesteinsformationen zu füllen wie beim Bleigießen an Silvester. Nur als die klebrig voranquillenden Massen aus dem tiefen Schlund der Erde das Dach des Gebäudes erreicht haben, verändert sich das träge Treiben des Reptils, fangen die Zinnen von Rexas Tempel Feuer, und dieses Feuer springt und rennt auf ihrem Dach herum und die Rohrleitungen an der Wand entlang wie ein hyperaktives Raubtier oder ein Affe auf Koks. Das Feuer ist eilig, ist hungrig, ist erbarmungslos. Nach dem ganzen eingesammelten Geld und den eingesammelten Seelen könnte man meinen, Rexa klärt das mit einem Scheck. Aber in dieser Nacht ist ihre Halbgöttlichkeit angekratzt worden, ihre Unfehlbarkeit in ihrem Wissen und ihren Prognosen, und die kommenden Nächte treten auf die am Boden liegende Rexa noch drauf. Ihre Jünger fragen bald, wohin sie noch gehen sollen, und Rexa hat bestimmt keine Worte des ewigen Lebens.

Ich fand mich wieder mit ihr auf dem spanischen Festland, ihre Jünger waren verschwunden. Das lag natürlich nicht nur an der Cumbre Vieja, sondern an einem anderen untergründigen Schwelen in letzter Zeit. Eifersucht unter den Jüngern, wegen der Liebe ihrer aller Rexa, aber auch, weil sich Paare gefunden hatten und unterschiedliche Meinungen entstanden, etwa ob zwei der Jünger ihre Körper jetzt nur noch füreinander aufbieten durften und nicht mehr für die Gruppe. Eifersucht, Neid, Missgunst, Zorn, aber vielleicht ja auch Liebe statt des Strebens nach körperlicher Erschöpfung. Oder Verliebtsein. Alles scheinbar menschliche Natur, die ebenso eruptiv sein konnte wie die nicht menschliche, die unmenschliche. Rexa hatte dies in Bestform beherrscht, aber diese Form hatte sie in der verlustreichen Nacht eingebüßt.

Ich erlebte sie verzweifelt, gleichwohl uneinsichtig und herrisch. Dabei war sie nicht mehr die Inkarnation der Sonne oder als was sie sich gern ausgab, sondern eine vertrocknete, zornige Betrügerin in einer billigen Flughafenabsteige.

»Such mir einen neuen Platz, York, hörst du? In der Natur. Nicht Kanaren, keine Insel, es muss nach einem entschlossenen Neuanfang aussehen, nicht nach einem billigen Ersatz!«

»Etwas Natürliches, ja? Befreiend vom Stress, lauer Wind, Plätschern oder Gurgeln von Bächen …«

»Was soll der Schiller-Rilke-Scheiß? Such mir eine neue Location!«

Ich nickte. »Es tut mir leid, Rexa. Ich hätte gern … irgendwas getan, aber …«

»Lass dir was einfallen, ich kann noch einmal groß investieren, aber wenn es dann nicht läuft, ist es das Aus …« In ihren Augen sah ich Angst. Sah ich Erkenntnis der Letztmaligkeit einer Chance. Sie wirkte so unattraktiv wie noch nie zuvor. Aus reinem Mitleid schlief ich diese Nacht mit ihr, es war ein fades, groteskes, klaustrophobisches Stück, das wir auf den Laken gaben, aber vermutlich hatte ich in den letzten Jahren selten so viel Liebe, soweit diese ein Bestandteil von Mitleid ist, in eine sexuelle Begegnung gelegt wie in diesen finalen Akt.

Ich schaute mich tatsächlich für sie um, und als wir uns zur Strategiebesprechung in Frankfurt am Bahnhof in einer streng antiseptisch gestalteten Hotellobby trafen, in die das Quietschen des Zugrädermetalls auf den Gleisen hereindrängte, wusste ich im Vorhinein nicht, dass ich sie dort zum letzten Mal sehen würde. Sie war von meinem Vorschlag nicht angetan.

»Vulkaneifel? Willst … willst du mich verarschen? Verspottest du mich?«, zischte sie und leerte ihr Glas Weißweinschorle in einem Zug. Ich zuckte die Schultern.

»Vulkan, um zu zeigen, du hast keine Angst. Und da

ist es ruhig, Wälder, Weiden und Wiesen, Bachläufe; du kannst auf einem Tannenstumpf sitzen, Feldmäuse laufen dir über die Füße, Kommunikation zwischen Wesen also, deren Welt vollkommen unterschiedlich …«

»Du verspottest mich!«, entschied sie und nickte resigniert. Ich schüttelte den Kopf.

»Kommt drauf an, was du daraus machst. Du hast deine Umgebung so gedeutet, wie sie dir eine Heimat sein sollte, du hast andere Menschen in dieser Welt dasselbe sehen lassen. Vielleicht sehe ich wieder etwas anderes darin, aber das muss dich nicht beeinträchtigen …«

»Geh jetzt!«, exkommunizierte sie mich. Gut so.

Ich bin raus, und ich weiß nicht, ob Barbara Rangwasser noch lebt, und wenn ja, wo und wie. Es geht mich auch nichts mehr an. Vielleicht bewerbe ich mich mal wieder um einen Händlerjob oder als Manager für eine geregelte Tätigkeit. Oder ich könnte mal durchrechnen, ob ich in der Vulkaneifel ein naturbezogenes Meditationszentrum eröffnen könnte; kommt immer darauf an, was man draus macht. Jetzt gerade sitze ich am Rand eines Tannenwalds und beobachte den geschickten Umgang einer Feldmaus mit einer Gerstenähre.

Da fällt mir ein, wie sagte es einst Ralph Waldo Emerson in seinem Gedicht »Natur«: *»Ein jeder Geist baut sich ein Haus und hinter seinem Haus eine Welt und hinter seiner Welt einen Himmel. Wisse also, dass die Welt für dich existiert.«*

Dem ist an dieser Stelle nichts hinzuzufügen.

Foto: Maiken Brathe

Slomo

Sie nannten ihn Slomo.
Ben war wohl der langsamste Mensch auf der ganzen Welt. Er bewegte sich in Zeitlupe. Früher hatte sein Vater oft zu ihm gesagt: »Fang schon mal an, die Schuhe anzuziehen, in einer halben Stunde geht es los.« Slomo war immer der **Nachzügler**.
Doch ich liebte es, ihm dabei zuzusehen, wie er behutsam die ockerbraunen Schnürsenkel in die Hand nahm, über sie strich, als wären sie Hafer aus Gold. Wenn er sie sanft um seine Finger zwirbelte und kunstvoll eine Schleife daraus formte. Für mich war die Beobachtung seiner Bewegungen wie Meditation. Sie erdete mich, erinnerte mich daran, durch eine viel zu schnelle Welt langsam zu fließen. In Slow Motion eben. Wie Slomo.

@lyrik_to_go_and_to_stay

Irrtum. Wir wirrten uns durch mehr als ein halbes Leben, Spielplatzzigaretten, kleine und große Geheimnisse, Irrungen am Rande des konservativen Dorfes.

Irrtum. Dachte, das sei ewig, wir zusammen jung, leicht, niemand verbittert, Eis vom Kiosk, Naturfreibadgeruch im Haar. Deine Hand in meiner.

Irrtum. Dachte, dass wir alt werden, durch fremde Städte schlendern, Kaffee mit Schnaps trinken, Karussell fahren.

Irrtum. Hoffte, dass du dich irgendwann für mich interessierst, und bessere Zeiten dir Leichtigkeit schenken.

Irrtum. Meinte, deine Bürde jahrelang auszuhalten, doch Sisyphos war am Werk.

Habe mich von Dir gelöst, auf Pause gedrückt, bin lange traurig, aber irgendwie leicht. Sonne im Haar, alles wird. Kein Irrtum.

@mmepavot

Materie

Foto: Christian Edgar Scholz

Materie

Karina Luger

Ein Tropfen, ein Korn. Oft nur Schleim oder Saft, kaum sichtbar, ein Kern.
Materie umgeben von Mutterboden. Von Fett, Mist, Feuchtigkeit und Wärme, von Fleisch. Materie, geschützt, in Dunkelheit verborgen. Winzig, aber darin implementiert ein Prozess, ein göttlicher Funke, eine Bewegung aus dem Nichts.
Keimen. Metamorphose. Wechsel der Gestalt. Sich Regen aus sich selbst. Bewegung und Explosion des Lebens aus zugrunde gelegter Kraft. Ihr Anstoß? Ungewiss. Der Prozess oft unterbrochen, abgebrochen, abgestoßen, verworfen, in die falsche Richtung entwickelt. Aber trotz allem immer wieder keimen. Milliardenfach. Unüberschaubar. Unfassbar.

Mit konzentrierter Energie sich selbst teilen, Hüllen ausfüllen und überwinden, mehr werden, wachsen. Wachsen, wachsen, nach einem mitgegebenen, rätselhaften Plan. Entfalten, ausdehnen, auseinanderstreben. Sich ballen, Raum einnehmen, unbewusst ein unbekannter Körper werden, nach oben drängen und sprießen. Einmal angestoßen, ein aus sich selbst entstehender Mechanismus.
Körperlichkeit entwickeln, Anlauf nehmen für einen entscheidenden Punkt, alles Vorhandene nutzen und dann: Den Muttergrund, den Mutterleib verlassen, mit Entschiedenheit in rauer Umgebung Fuß fassen, Wurzeln schlagen. Den neuen Bedingungen gewachsen sein. Immer wieder. Bedingungen annehmen, sich ihnen stellen, an und mit ihnen oder trotz ihrer gedeihen. Sich verankern, festkrallen, stark sein, Substanz aufbauen. Herausforderungen standhalten. Sich aus dem Gegebenen bewegen, sich zur angelegten Größe entfalten. Da sein, angekommen.
Sich aufstellen im Jetzt, sich mit Stärke zeigen, sich jedem Tag zuwenden, grün und groß und breit und voller Kraft im Heute bedacht mit dem Zauberwort »jung«. Erfahrungen sammeln, Gefahren erkennen, lernen, ein Fundament legen und dann in aller Pracht dastehen, selbstbewusst, sorglos, voll konzentrierter Freude, voll Körperlichkeit, voll Trieb.
Und blühen. Sich öffnen, sich auftun, entgegenrecken, alle Farbe einsetzen, alle Anmut, alle Ästhetik, alle Tricks, allen Mut. Gierig erwarten, aber nicht wissen, was. Heiß und begehrlich, prall, voll von Saft und voll

Duft. Einander suchen, gewandt sein, schneller als andere, im Rausch, in der Ekstase, getrieben, gerufen, gehetzt. Bestäuben, besamen, bespringen, befruchten und paaren, so viel und so oft es nur geht. Den Samen annehmen, entgegennehmen, empfangen und bewahren. Selbst Samen hervorbringen, Frucht ansetzen, ruhig werden, austragen, anschwellen, warten, Zeit geben, reifen, platzen, abwerfen, gebären. Dann säugen und sorgen, lehren, führen, bewachen, füttern die Einen, stehen und atmen im Takt des Universums die Anderen. Monumente, gefesselt an ihren Standort und seine Umgebung.
Sich vermehren. Den Auftrag erfüllen, der alles bewegt. Die Art fortführen nach einem magischen Plan. Teil sein einer Entwicklung, einer Woge, einer Welle, eines ineinander verfilzten Gewebes. Ein Stein sein in einem Gebäude. Vielleicht von Bedeutung, vielleicht aber auch nicht. Dabei sein in dem großen Getose, in diesem Rausch, den Dröhnen der Welt, dem Finden ständig neuer Harmonien und ihrem Zerfall. Dabei sein bei dem Bauschen und Dräuen, Quellen und Wabern von organischem Material. Eine Chance haben, mehrmals, mitzuwirken im Gewebe allen Lebendigen.

Schließlich die Kräfte verlieren. Erst nur etwas wanken, sich immer noch halten, keine Angst, die Dinge sind unbedenklich, wie immer. Dann leise nachgeben, hinnehmen, sich den Bedingungen beugen. Aber trotz allem versuchen, zu kämpfen. Den Platz zu behaupten. Aufbäumen, verteidigen, den früheren Zustand herstellen wollen, mit Kraft, mit List, mit Gewalt. Der große unerbittliche Mahner greift ein; nämlich die Zeit. Irgendwann und bei allen. Raum geben müssen für Neues, Anderes, Nachkommendes. Unmerklich erst, dann unübersehbar, unleugbar abwärts neigt sich das riesige Rad. Zenit überschritten. Verwundung vielleicht oder Krankheit, ein unglückliches Schicksal, unverschuldetes Pech. Oder verbraucht sein, die Ressourcen des Körpers verzehrt. Voll Mühe und müde, den ungünstigen Bedingungen ergeben, verblassen, verwelken, verbleichen. Langsam werden in allen Bewegungen, zu schnell, zu hoch, zu weit. Zu langsam, zu kraftlos. Die Sinne verlieren die Schärfe. Halme, Äste, Stämme knicken, brechen wie Gliedmaßen und Gebein.
Hinfällig sein, spröde, grau, morsch, von Parasiten befallen. Verlust aller Farbe. Dann sterben. Erfrieren, erschlagen, erschossen, umgehackt, gefangen, gefressen, verbrannt. Den Atem aushauchen, zu Fall gebracht werden, alle Körperspannung verlieren, den Herzschlag einstellen, die Kreisläufe beenden, die Photosynthese aufhören, mehr und mehr. Davor oft noch Schmerz, Leiden, Verlust lebenswichtiger Funktionen, Verlust von Gliedmaßen, Hunger, Qual. Der große Meister Tod hat ungezählte Mittel.
Verfallen, verfaulen, vermodern, verwittern. Zerteilt und gefressen, verwertet, zerlegt in Materie. Letztendlich. Zerwirkt und zerfallen, andere ernährt und zu ihrem Aufbau gedient. Von Schimmel besiedelt, von Mikroben zersetzt, in kleinste Bausteine aufgeteilt, mit der Umgebung eins geworden. Fette, feuchte, fruchtbare Basis für Samen, die darin keimen.

Kurz vor elf.
Er parkte ein, stieg aus und vertrat sich die Beine. Die eisige Luft materialisierte sich zu weißen Wolken, als er kräftig ein- und ausatmete.

Kurz vor elf.
Sie legte die Zeitschrift aus der Hand und ging in die Küche. Der Wasserkocher war noch halb gefüllt. Sie drückte auf den Knopf und zückte ihr Smartphone, um die Pause zu überbrücken.

Kurz vor elf.
Er schloss einen Moment die Augen. »Das ist doch alles gequirlter Nonsense!«, schrie sie und warf die Akte auf den Tisch.

Kurz vor elf.
Sie zitterte. »Die Wurzel von fünfundzwanzig ...?!?« Unwillkürlich malte sie kleine Kreise. Blüte für Blüte zierte das Arbeitsblatt und brachte sie weiter fort von hier.

Kurz vor elf.
In welcher **Parallelwelt** lebst du?

@colourgiver

Es pfeift. In meinem Ohr. Wenn ich gehe, wenn ich stehe, wenn ich esse, wenn ich lese. Als hätte sich ein Windhauch zwischen meinen Gehörknöchelchen verfangen.
»Abwarten«, sagt der Arzt. »Und entspannen.«
Ich lege mich auf den Rücken. Atme ein. Es pfeift. Atme aus. Es pfeift. Selbst in meine Träume bohrt sich der Ton. Als Klingeln an der Tür. Als Wecker um drei Uhr nachts.
Der Arzt verschreibt mir Tabletten. Morgens, mittags und abends schlucke ich blau überzogene Dragees. Doch das **Störgeräusch** bleibt. Wie das Rauschen einer zu oft gehörten Schallplatte liegt es über meinem Leben. Über dem Zwitschern der Vögel, über dem Rattern der Bahn. Über deinem langsam schwindenden Lachen.

@theworldbetweenthelines

#introspektivminiature

Foto: Christian Edgar Scholz

ROONA

Foto: Julia Hoch

Roona

Liv Modes

Jack fuhr aus einem wachsamen Halbschlaf hoch. Noch bevor er den ersten tiefen Atemzug genommen hatte, vergewisserte er sich, ob er wirklich allein war. Erst dann ließ seine Anspannung nach.

Seit dreißig Jahren begleitete ihn diese Anspannung nun schon.

Unfassbar, wie schnell die Zeit verging.

Unfassbar, dass die Welt sich noch immer weiterdrehte.

Jack ließ den Blick über die Häuserruinen schweifen, zwischen denen er Schutz gesucht hatte. Die meisten Gebäude waren schon bei den Erdbeben damals schwer beschädigt worden. Was übrig geblieben war, fiel den monsunartigen Regenfällen zum Opfer, die mittlerweile selbst in dieser Gegend zur Normalität gehörten. Die Natur holte sich zurück, was einst ihr gehört hatte, und auf eigentümliche Weise kam Jack das richtig vor.

Er wusch sich das Gesicht an einem der kleinen Flüsse, die das Gebiet der ehemaligen Megacity dort durchzogen, wo das Wasser des Hauptstroms die Erdbebenrisse auffüllte. Verstrahltes Wasser vielleicht, Jack dachte nicht weiter darüber nach. Er konnte es ohnehin nicht ändern.

Bei der globalen Katastrophe damals war er noch ein Kind gewesen. Er hatte noch ein paar gute Jahre mit seinen Eltern gehabt, bevor sie einem der Erdbeben zum Opfer gefallen waren. Damals hatte noch niemand gewusst, wie man den Beben entkam.

Seitdem blieb Jack ständig in Bewegung, ständig im Wettlauf gegen die Natur, die taumelnd versuchte, ihr Gleichgewicht zurückzugewinnen. Er ging, wohin es für den Moment sicher war. Erst als Jack vor ein paar Monaten die Gerüchte gehört hatte, hatte er wieder ein Ziel gehabt, das vom bloßen Überleben abwich. Er wollte sich mit eigenen Augen von dieser neuen Mutation überzeugen, über die alle sprachen. Niemanden beeindruckten in diesen Tagen noch Kinder mit drei Armen oder Schmetterlinge in der Größe von Hunden. Die unüberschaubare Anzahl neuer Krankheiten, die die wenigen verbliebenen Ärzte kaum behandeln konnten, gehörten längst zum Alltag.

Die Welt war archaisch geworden.

Aber jemand war aufgetaucht, der diese Welt neu ordnen wollte.

Roona.

Es schien, als würden alle diesen Namen kennen. Er wurde geflüstert wie eine Warnung. Eine Gruselgeschichte. Da war jemand, der im Zentrum des ehemaligen Europas beinahe unbemerkt das Kommando übernommen hatte.

Roona.

Jack wusste nicht, wer sie war, doch er sah die Auswirkungen von dem, was sie tat, überall um sich herum. In den letzten dreißig Jahren war es den Menschen nicht einmal ansatzweise gelungen, ihren früheren Lebensstandard zurückzuerlangen. Es regierte das Gesetz des Stärkeren, wer sich nicht durchkämpfen konnte, ging drauf.

Nur hier nicht. Hier sah Jack befestigte Straßen, Häuser, die wieder bewohnbar waren.

Er sah Elektrizität.

Es war Jahre her, dass Jack zuletzt ein beleuchtetes Fenster gesehen hatte. Aber was ihn beunruhigte, waren die Menschen. Seit den Bombenangriffen hatte Jack nicht mehr so viele auf einem Haufen gesehen. Und trotzdem bewegte er sich mitten hinein. Zu stark war die Sehnsucht nach jemandem, der alles wieder so werden ließ, wie es gewesen war.

Misstrauisch folgte Jack den Leuten bis zu einem Kaufhaus, vor dem sich etwa hundert Männer, Frauen und Kinder versammelt hatten. Er lebte schon zu lange in Einsamkeit, die Anwesenheit von so vielen anderen Menschen machte ihn nervös. Die Luft vibrierte vor Anspannung, obwohl kein Wort gesprochen wurde. Jack hielt sich am Rand der Menge, drückte sich eng an eine gegenüberliegende Hauswand und versuchte, im Schatten zu bleiben, während er das Kaufhaus musterte. Die obere Etage war zum Teil weggesprengt worden und auf dem Skelett der leeren Geschäfte befand sich eine Art Bühne.

Ein plötzliches Raunen ging durch die Menge. Jack fröstelte. Automatisch tastete er nach dem Messer in der Halterung an seinem Unterarm, sein Blick zuckte hektisch umher. Als er die Ursache für den Aufruhr entdeckte, blieb ihm fast das Herz stehen.

Die Tiere näherten sich völlig lautlos. Eichhörnchen und Mäuse, Kaninchen, wilde Katzen und Hunde und alle möglichen Vögel. Jack entdeckte auch mutierte Schmetterlinge, einen Wolf mit verzogenem Maul und ein einäugiges Fohlen. Sie bildeten einen Ring um die Menschenmenge, die Köpfe starr zum Kaufhaus hinaufgerichtet. Jacks Herz raste, als er ihren Blicken folgte.

Da oben stand ein *Kind*.

Ein Mädchen, vielleicht vierzehn Jahre alt, mit wilden roten Haaren, abgerissener Kleidung und … war das *Blut* in ihrem Gesicht? Als sie lächelte, war Jack ziemlich sicher, Reißzähne zwischen ihren Lippen aufblitzen zu sehen. Abermals überlief ihn ein Schauer. Als der Hund neben dem Mädchen auftauchte, bekam Jack Panik.

Der Hund war riesig. Er überragte das Mädchen um mindestens einen Kopf. Sein langes, zotteliges Fell war blutverkrustet und Jack glaubte, auch im Haar des Mädchens Blut zu sehen.

Das also war Roona.

Jack fürchtete sie vom ersten Moment an.

Roona trat einen Schritt nach vorn, an die Kante des Kaufhauses, und stieß ein Knurren aus. Es war nicht tief, trotzdem drang es Jack bis in die Knochen und sprach seine Instinkte an. Obwohl er versuchte, sich dagegen zu wehren, überkam ihn bei dem Geräusch das Bedürfnis, sich winselnd zu Boden zu werfen und Roona seine Kehle darzubieten. Das Knurren hielt an und veränderte dabei ab und zu seine Intensität, als würde es die Anwesenden abtasten. Jack wandte den Kopf und sah, dass sowohl die Menschen als auch die Tiere die Köpfe neigten und der Aufforderung, die Jack in dem Knurren vermutete, Folge leisteten. Unwillkürlich spannte Jack sich an. Eine solche Mutation hatte er noch nie gesehen. Er wusste nicht, wie er sie bekämpf… Das Knurren durchfuhr ihn, Jack hob den Kopf und die Härchen in seinem Nacken stellten sich auf – Roona sah ihn an. Etwas Wildes glühte in ihren Augen, ein Ausdruck, den Jack von Raubtieren kurz vor dem Angriff kannte. Sein Fluchtinstinkt drängte ihn wegzulaufen, doch er … konnte nicht. Seine Glieder fühlten sich weich und nachgiebig an, er hatte keine Kontrolle mehr über seine Bewegungen. Vage bekam er mit, wie er rechts und links gepackt wurde. Jack wollte sich wehren, aber etwas in ihm hielt ihn ab. Einen Augenblick später begriff er, dass es Roonas Präsenz war, die er mit dem Vibrieren ihres Knurrens in sich spürte und ihn dazu brachte, seinen Blick über die Menge schweifen zu lassen. Sie wollte, dass er etwas Bestimmtes sah.

Der riesige Hund an Roonas Seite trug ein Halsband mit einer kleinen Metallplakette. Die Männer, die ihn festhielten, ebenfalls. Jeder Mensch, jedes Tier bis hin zur kleinsten Maus hatten ein solches Halsband. Warum war Jack das vorher nicht aufgefallen?

Weil ich nicht wollte, dass du es siehst.

Jack blickte ruckartig hoch. Roona lächelte teuflisch und jetzt sah Jack ihre Reißzähne ganz deutlich. Ein kleiner Affe sprang auf seine Schulter, ein Halsband in den Händen. Er sah niedlich aus mit den drei Augen, aber Jack spürte die Gefahr, die von diesem Halsband ausging. Er begann zu zappeln, als sich das Metall kalt auf seine Haut legte, doch die Männer hielten ihn so fest, dass er sich kaum rühren konnte. Jack begann zu brüllen. Erst wütend, dann verzweifelt. Ungerührt verschloss das Äffchen das Halsband. Mit einem Mal versagte Jacks Stimme.

Totenstille auf dem Platz.

Totenstille in Jacks Kopf.

Er verlor sich selbst.

Bis nichts mehr von ihm übrig war.

Leere.

Leere.

Leere.

Eine Stimme.

Hallo Jack. Ich bin Roona. Willkommen in meinem Rudel.

Foto: Christian Edgar Scholz

Sehenden Auges in den Untergang

Oliver Graf

Wir haben es verkackt. Aber so richtig.

Michael hatte keine Lust, den Gedanken anders zu formulieren und Erik, der gerade gegangen war und ihn aufgefordert hatte, sich verdammt noch mal zu beeilen, hatte es ähnlich ausgedrückt. Frustriert stopfte er T-Shirts in den Seesack, den er unter der Kommode gefunden hatte und der von seiner Mutter stammte.

Obwohl er Zeuge der Ereignisse war, wunderte er sich noch immer, wie es so weit hatte kommen können. Jeder hatte gewusst, was auf dem Spiel stand, wirklich jeder, aber kaum jemand hatte sich darum gekümmert. Ja, sie, die hier auf der Forschungsstation arbeiteten, und versprengte andere, aber die Masse? Fehlanzeige. Sehenden Auges in den Untergang. Und jetzt war es, wie es war. Komplett verkackt.

Von draußen hallte eine Durchsage, die Stimme durch das Schnarren des Megafons verzerrt. Eigentlich sollte er nicht mehr hier sein, sondern längst an Bord des Schiffes, aber er hatte sich Zeit gelassen. Zeit, die er brauchte. Er hatte Angst davor, sich zu lösen, und ärgerte sich gleichzeitig über diesen albernen Trennungsschmerz.

Er blickte sich um, kontrollierte, ob er alles Wichtige eingepackt hatte. Bis auf Bücher, die aus den Regalen gefallen waren, und den großen feuchten Fleck, der sich wie ein Schatten von der Wand auf den Boden streckte, sah der Raum aus wie immer und man hätte meinen können, alles sei normal. Ließ man die Schräge außer Acht, konnte man aus dem Zustand des Raumes nicht auf die Zerstörung des Hauses schließen.

Gestern also war die Prophezeiung Wirklichkeit geworden. Nach einem freundlichen Tag hatte am späten Nachmittag das Wetter umgeschlagen. Ein Sturm war aufgezogen, dessen Stärke kaum jemand mehr überraschte, denn man war dem Irrglauben verfallen, sich mit den veränderten Naturgewalten arrangiert zu haben. Wuchtige Böen peitschten Regen und Meer gegen die Insel, als wollte der Sturm sie verschlingen. Und tatsächlich, mit einer Leichtigkeit, die niemand für möglich gehalten hatte, übersprang das Meer den unüberwindlich geglaubten Damm, bearbeitete ihn von beiden Seiten, nagte an ihm, bis er ihn niederriss. Wassermassen spülten über die Insel, die nur zur Mitte hin leicht anstieg. Hindernisse gab es kaum. Die wenigen Häuser wurden unterspült, verschoben sich wie Parallelogramme. Dachbalken brachen, Fensterscheiben barsten, Mauern bekamen lange Risse. Auch das Gebäude, in dem sich Michaels Wohnung befand, war eingesunken.

In der Nacht, während der Sturm über die Insel fegte, hatten sie Schutz auf der Station gesucht. Erik, er und noch vier weitere Mitarbeiter waren zusammengesessen, hatten versucht, das Tosen zu ignorieren und das Wetterradar verfolgt. Michael dachte nicht, dass auch nur einer Angst gehabt hatte. Die Gemeinschaft bildete einen Schutzwall, und vermutlich hatten auch sie bis dahin ihre Zuversicht nicht verloren, obwohl sie immer als die Pessimisten gegolten hatten. Dann war der Strom ausgefallen und sie hatten sich mit Baustellenlampen beholfen. Kurz darauf war das Wasser gekommen. Es hatte die Warft überwunden, erreichte den Ring der Sandsäcke um das Gebäude und der Sturm schleuderte Wellen gegen das Haus. Zu dem Zeitpunkt wussten sie, dass der Damm gebrochen war. Erst versuchten sie noch, das Wasser mit vorbereiteten Sandsäcken aufzuhalten, stapelten sie vor der Tür, mussten aber ihre Machtlosigkeit einsehen und gaben auf.

Sie stiegen nach oben in den Schutzraum und warteten. Das Haus bebte, als würde es von der stampfenden See aus dem Boden gehoben und wieder fallengelassen. Niemand, nicht einmal sie, hatte mit dieser Wucht gerechnet. Sie wussten, sie hatten verloren, und keiner sprach mehr ein Wort. Mit einem Mal war die Gruppe zerfallen und jeder begegnete im Zwielicht des Untergangs seiner Einsamkeit und seiner Verzweiflung darüber, dass alles vergebens gewesen war.

Am Morgen hatten sie erkennen müssen, dass es keinen Sinn mehr hatte, die Station zu halten. Die vom Menschen entfesselte Natur hatte sich die Insel geholt.

Den Tag über hatten sie das Equipment der Station verpackt und zu den Fähren gebracht, dann hatte er sich aufgemacht, seine Habseligkeiten aus der Wohnung zu holen. Nun also ein letzter Blick durch den Raum: die kleine Wohnküche, das Sofa, Bücherregale. Nach Mutters Tod war das meiste abtransportiert worden und lagerte bei seinem Großvater. Michael hatte sich nach dem Schulabschluss nur mit dem Nötigsten einquartiert. Seine Rückkehr auf die Insel war von dem Gedanken getrieben gewesen, seine Mutter weiterleben zu lassen, indem er ihre Arbeit fortsetzte. Ein Gedanke, den der Sturm gestern zerschmettert hatte. Noch war Michael nicht in der Lage, die Situation zu erfassen, und er hatte keine Ahnung, wie es weitergehen sollte. Mechanisch arbeitete er sich durch das Programm des Verlusts, ähnlich wie nach dem Tod seiner Mutter. Er schloss die Augen, ließ die Erinnerung kommen. Der Raum, bei einem der letzten Besuche, als sie noch lebte. Sie, mit dem Schneebesen als Mikrofon in der Hand, war auf ihn zugetanzt und hatte ihn aufgefordert mitzumachen. »Come To My Aid« von Simply Red. Die Musik seiner Mutter. Die Situation war ihm peinlich gewesen, aber ihre Ausgelassenheit hatte ihn angesteckt, sodass er lachen musste.

Er öffnete die Augen. Was für ein sentimentaler Abschied. Er schulterte den Seesack, drehte sich um und verließ die Wohnung durch das Fenster. Der erhöhte Weg, der am Haus vorbeiführte, war wie die Wiesen von einer glänzenden Schlammschicht überzogen, der Schlick sog bei jedem Schritt schmatzend an seinen Gummistiefeln. Überall lagen Trümmer, eine Wäschespinne, ein Tisch, Latten eines Gartenzauns, Teile eines vom Wind zerrissenen Schuppens. Die Zerstörung der Insel, wie er sie gekannt, und bis gestern sein Zuhause genannt hatte, war so massiv, dass ihm die Umgebung fremd und feindlich erschien. Drohnen von Fernsehanstalten schwebten über ihm und sendeten Bilder der Verwüstung in die Welt.

Vor acht Jahren hatte seine Mutter die Station gegründet und war hierhergezogen. Er war bei seinem Großvater geblieben und hatte sie nur in den Ferien besucht. Sie wollte, wie sie sagte, an einem der Brückenpfeiler des Untergangs forschen. Von Beginn an hatte sie die Flut vorausgesagt, dennoch war sie hierher gekommen. Und er war bei ihr gewesen, so oft es ging. Unverantwortlich war sie gescholten worden, aber das hatte sie nicht interessiert, so wie sie sich nie um die Meinung anderer gekümmert hatte. Sie tat, was sie für richtig hielt – und für richtig hielt sie den Kampf um das Klima. Fast ihr ganzes Leben hatte sie ihn geführt, war für ihn gestorben und Michael war sich sicher, in Summe war sie zufrieden gewesen. Zwar nicht damit, was sie erreicht hatte, das war ihr immer zu wenig gewesen, aber mit sich und ihrem Weg.

Und gestern war der Tag, an dem sie recht behalten hatte. Dabei war der Untergang der Insel nur eine der Konsequenzen dessen, was vor Jahrzehnten begonnen hatte: schmelzende Polkappen und Gletscher, steigender Meeresspiegel und intensiver werdende Wetterphänomene. Kipppunkte waren erreicht worden, Unumkehrbares in Gang gekommen. Alles wie vorausgesagt und mit Modellen errechnet, aber ein Umdenken hatte nicht stattgefunden und das Kippen des Systems war achselzuckend in Kauf genommen worden. Nicht einmal der Aufstand der Jugendlichen, der vor Jahren begonnen hatte, hatte trotz der Aufmerksamkeit etwas daran geändert. Inseln wie diese sanken unter Meeresniveau, wurden Löcher in der See und nur noch von Deichen am Leben erhalten. Man beruhigte sich mit mehr und besserer Technik, aber was brachte die, außer gefühlte Sicherheit?

Es waren Menschen wie sein Großvater, die unbeirrt auf den eigenen Vorteil versessen im Jetzt verharrten. Großvater war jede Zukunft jenseits seiner eigenen und der seiner Industriebetriebe ebenso egal, wie die Auswirkungen seines Handelns. Sollten doch erst die anderen anfangen, er sei nur ein kleines Rad. Und überhaupt, die Erde würde sich schon wieder erholen. So hatte Michaels Mutter ihren Weg mit der Auflehnung gegen den Vater begonnen. Sie hatte ihn für seinen Machtmissbrauch zum Schaden der Natur verurteilt, hatte gegen ihn Stellung bezogen, war Aktivistin und Aushängeschild der Bewegung geworden.

Aber das war lange vor seiner Geburt.

Michael war in den Konflikt der beiden geboren worden und hatte sich zwischen den Fronten lange nicht zurechtgefunden. War seine Mutter eine Fanatikerin, die nur unberechtigte Panik verbreitete? Oder war sein Großvater von Gier zerfressen und einzig um seinen Profit besorgt?

Nun hatte der gestrige Tag endgültig das Urteil über diesen Konflikt gefällt.

Ob seine Mutter Genugtuung verspürt hätte? Eher wäre sie verzweifelt gewesen, den Kampf verloren zu haben. Sie hätte gerne unrecht behalten, dessen war sich Michael sicher.

Er wuchtete den Seesack auf die andere Schulter. Anscheinend waren nur noch wenige Menschen auf der Insel. Einheimische, die ihr letztes Hab und Gut aus den Häusern schafften, die meisten waren vermutlich bereits an Bord. Ohnehin hatten nicht viele hier gelebt und vermutlich würde der Untergang der Insel deshalb von den Schwätzern als unwichtig abgetan werden, aber Michael wusste, es war nur die nächste Ankündigung von etwas noch Größerem, etwas Unbeherrschbarem, das seit Langem unumkehrbar war und die Welt und die Gesellschaft für immer verändern würde.

Er ging zum einzigen Platz des Ortes, dahinter begann seit gestern Nacht die See. Helfer warteten mit Schlauchbooten, um die letzten Verbliebenen zu evakuieren. Die Wetterprognose sagte ein neuerliches Unwetter für die Nachtstunden voraus, also mussten sie sich beeilen, um ans Festland zu gelangen. Dort hatte man Sporthallen vorbereitet, in denen sie untergebracht werden sollten. Aber was kam danach?

Nun waren auch sie Klimaflüchtlinge, so wie jene, die seit Jahren aus den verbrannten südlichen Gebieten in den Norden strömten.

Er könnte zurück zu seinem Großvater. Das Haus war groß genug, er hatte dort sein Zimmer. Aber er hatte den Gedanken an eine Rückkehr schon lange verworfen; nun, nach der Verwüstung der Insel, erschien ihm dieser völlig absurd. Zu sehr war Großvater die Personifizierung derjenigen, die Michael verantwortlich machte, die Leugner und Ignoranten, die Bequemen und Egoisten. Seine Wut würde ein Zusammenleben unmöglich machen.

Mit fünf anderen stieg er in eines der Schlauchboote und ließ sich aufs Schiff bringen. Gischt schlug ihm ins Gesicht, aber es störte ihn nicht. Er liebte die See und nahm es ihr nicht übel, dass sie sich über ihre Insel hermachte, schließlich kannte er die Ursachen.

Erik stand am Heck des Schiffes, half ihm hoch und gemeinsam blickten sie zurück auf die zur Hälfte überschwemmte Insel. Sie schwiegen, bis Michael es nicht mehr ertrug. »Es ist vermutlich besser nach vorne zu blicken«, meinte er, ließ Erik stehen und schlenderte zum Bug.

Als die Maschinen ansprangen, dämmerte es, der Wind frischte weiter auf und das Meer wurde noch unruhiger. Wie ein gereiztes Tier, dachte Michael.

Er steckte sich die Kopfhörer in die Ohren, »Come To My Aid«, und dachte an seine Mutter.

Das Schiff stampfte durch die Wellen dem Festland entgegen. Michael blickte über die tanzenden Schaumkronen hinweg auf die glitzernde Stadt, die vielleicht das nächste Opfer werden würde. Er wog Vergangenheit und Zukunft gegeneinander ab – und ihn fröstelte dabei.

Foto: Christian Edgar Scholz

Foto: Dominic Hoch

Das Geheimnis

Johann Seidl

Urkan sammelte Steine. Eigentlich sammelte er alles, wenn es denn Bilder in sich trug und hart und dauerhaft genug war, um in seiner Galerie in der Felsnische die Jahreszeiten überdauern zu können. Der junge Jäger sah in allem Möglichen Bilder von Vögeln, Pferden oder Mammuts und erkannte in Hölzern und Steinen Frauen und Männer.
Die Jäger seines Stammes stichelten gutmütig: »Und, Urkan, hast du heut wieder ein Steinmammut erlegt?«
Und die Frauen lachten und fragten kokett: »Na, Urkan, hast du mich heut gesehen, im Widderhorn, etwa so ...?«, und wandten ihm ihre schlanken oder üppigen Körper auffordernd zu.

Niemand meinte es böse, aber man tuschelte; denn seltsam, sonderlich, ja fast erschreckend war es schon: Keiner aus dem Stamm sah etwas in den Wurzeln und Kieseln und all den anderen Fundstücken, die Urkan zusammentrug – bis er mit Holzkohle oder Rötel die für sie unsichtbaren Linien nachmalte und Erhebungen und Vertiefungen einfärbte. Dann, mit einem Mal, erkannten sie es alle: das mächtige Mammut im Flusskiesel, das Gesicht in der Wurzel, das Auge in der Rinde.

Die meisten Bilder in Urkans Galerie waren Erinnerungen: An markante Gesichter im Stamm oder an bestimmte Jagdszenen, so wie er es gesehen und erlebt hatte. Einige der Bilder in seinen Schätzen waren aber besonders. Da gab es keine konkreten Erinnerungen, und doch war das, was er sah, klar und eindeutig: Er sah das Mammut aller Mammute, den Großen Hengst, der alle beschützte, die Urmutter und ihre Kraft.

Das war ihm sein größtes Rätsel. Dass die Bilder Dinge und Wesen zeigten, die es gab und gleichzeitig nicht gab. Und wie ein bisschen Rötel und Ocker diese vorher unsichtbare Welt vor seinen Augen auferstehen ließ.

Im Herbst hatte ein großer Trupp die Stammeshöhle verlassen, um Flint zu suchen. Männer und Frauen mit Hirschhornbeilen und Kraxen, die Kinder mit kleinen Körben. Die sollten lernen, den wertvollen Feuerstein unter all den anderen Steinen zu erkennen und den guten vom unbrauchbaren zu unterscheiden. Die Feuersteinknollen auf dem Waldboden waren rundlich und hatten oft eine weiße Haut, eine Kruste, unter der ein matt glänzender, durchscheinender Stein zutage trat, wenn man ihn aufschlug. Dann schimmerte er in honiggelben, rauchgrauen oder rotschwarzen Farben und brach unter den Schlägen der Knochenwerkzeuge zu muschelartigen, sehr scharfen Splittern. Manche der Flinte hatten ein Loch und waren begehrte Talismane.

Urkans Stamm konnte die großen und kleinen Brocken einfach vom Boden auflesen und ein leichter Schlag mit dem Hirschhornbeil zeigte, ob der Stein noch hart war und ohne Risse – es also wert war, eingesammelt zu werden. Feuerstein war wichtiger Rohstoff für die Menschen von Urkans Stamm. Sie brauchten die Steine zum Feuermachen und nutzten die scharfen Splitter als Messer und Speerspitzen für die Jagd oder als Schaber zum Gerben der Felle. Und weil Feuerstein selten war und nicht überall zu finden, wurde er zum wertvollen Tauschobjekt, wenn im Frühjahr die Händler den Fluss stromabwärts zogen. Besonders auf das Salz aus den Bergen im Süden waren Urkans Leute angewiesen, aber auch Felle, Schmuck und Steinbeile konnten damit erhandelt werden.

Urkan war etwas abseits geraten, weg von der Fundstelle, und das nicht ganz ohne Absicht. Immer öfter ging er seine eigenen Wege, um ungestört Augen und Geist schweifen zu lassen, durch die ihn umgebende Welt. Um alles in sich aufzunehmen und hinter seinen Augen zu verwandeln und so dem Geheimnis der Bilder und Abbilder näher zu kommen.

Es war ein hoch gelegenes Felsplateau, der Boden war eben und nur in ein paar Ritzen fanden Gräser und niedrige Kräuter Halt. Wind und Sand hatten die natürliche Steinplatte in Jahrtausenden abgeschliffen. Urkan bewunderte die Ebenmäßigkeit. Er ging in die Hocke, fuhr mit der Hand über den glatten Stein und strich den feinen Staub zur Seite. Aber nein, da waren keine Bilder, versteckt in Rissen, Rundungen oder Flecken, alles war gleichförmig und ebenmäßig, leer für seine innere Anschauung.

Doch plötzlich stieg in Urkan eine Erinnerung hoch. Er dachte an die letzte Mammutjagd und hatte das mächtige, zottelige Tier deutlich vor Augen. Und zugleich sah er, wie ein Schemen darübergelegt, die klaren, fast einfachen Linien des Urmammuts. Urkan sah es auf dem glatten Stein, als wäre es ein Bild in seiner Galerie. Ohne den Blick vom Felsen zu wenden, holte Urkan den Rötelstein aus seinem Beutel und erst zögernd, dann immer freier zog er in großen Schwüngen die Konturen seiner Vision mit roten Linien und Schraffuren auf den glatten Boden. Äußere Welt, innerer Gedanke, Farbe und Form verschmolzen zu etwas Neuem …

Sie hatten Urkan vermisst und ein paar zogen los, ihn zu suchen. Sie fanden ihn tanzend, und sein nackter, schlanker Körper war bedeckt von Schweiß und rotem Staub. Als er sie zu seinem Mammut führte, erschraken sie. Wie aus dem Nichts stand es vor ihnen, den Rüssel und die Stoßzähne bedrohlich gereckt. Schnell packten sie ihre Speere und richteten sie auf das furchterregende Tier. Aber Urkan trat vor sie hin, brach den Bann und sie sahen nur noch den Rötelstaub, die Linien am Felsboden, bemalte Flächen und Formen auf Stein.
Nach vielem Kopfschütteln, Lachen und auf die Schulterklopfen kehrten alle zur Höhle zurück.

Urkan ging still und war in Gedanken ganz bei seinem Werk. Er hatte zum ersten Mal selbst und mit eigenen Händen ein Bild geschaffen. Und er hatte ein Geheimnis gefunden: Nicht nur Vorbild und Urbild, Rötel und Stein machen ein Bild, es steckt auch ein Stück von ihm selbst darin.

Foto: Christian Edgar Scholz

Foto: Julia Hoch

Trügerisches Idyll

Iliana Karagialani

Zwischen mich und die anderen haben sie etwas gestellt. Etwas, das die schweren Sorgen von den ganz schweren Sorgen trennen soll. Ich liege auf etwas Hartem. Über mir eine graubraune Wolldecke mit roten Streifen. Gestern lag ich doch noch in meinem weichen Bett.

Mein Kopf soll endlich still sein! Will mich nicht erinnern. Ich drücke mir fest auf die Ohren, will nicht hören, was mich die Frau fragt, die sich mit zerbrochenen Seelen auskennt. Meine Seelenscherben wurden in alle Richtungen gespült. Wer soll die jemals wiederfinden, wer zusammensetzen? Die Frau soll weggehen, will ich sagen, doch meine Zunge bleibt regungslos in meiner Mundhöhle liegen. Jetzt schweigt die Frau, drückt nur meine kalte Hand. Ihre Wärme tut gut, aber ich kann's ihr nicht sagen. Was soll mich jetzt noch trösten? Habe mehr verloren, als ein Mensch ertragen kann. Wenn ich nur zu denen mit den schweren Sorgen gehören könnte. Vielleicht hilft es, wenn ich die Trennwand umwerfe, vielleicht gibt es dann keine Unterschiede mehr. Ich will's versuchen, aber ich hab' keine Kraft dazu und bleibe liegen.

Die Frau hält immer noch meine Hand. Ich weiß nicht, ob's schon morgen oder übermorgen ist. Mit der freien Hand reibe ich mir wieder die Schläfe. Es beruhigt mich. Es beruhigt den Wahnsinn, der unter meine Haut gekrochen ist, so wie Kälte unter die Haut geht und gefriert und man beim Platzen aus der Haut fährt.

Die Frau ist weg. Hab' nicht gemerkt seit wann. Ich war doch die ganze Zeit wach. Kann nicht schlafen, weil hinter meinen Augen die Albträume parat stehen. Wie Zinnsoldaten warten sie, bis sie losmarschieren dürfen. Scharren mit den Füßen. Sobald ich meine Lider schließe, trampeln sie los, entlang der Nervenbahnen. Schreien will ich vor Schmerzen, aber ich kann nicht. Meine Glieder sind furchtbar schwer. Ich schnappe nach Luft. Mein Blut gerinnt zu Blei, stockt in meinen Adern, bevor es mein Herz erreichen kann. Sanitäter bemerken es und eilen herbei, »Ach, lasst mich sterben!«, will ich sie anflehen, aber ich kann's nicht. »Sie hatten Glück«, behaupten die Helfer. »Sie haben überlebt«, sagen sie weiter, aber sie wissen nicht, was sie reden. Ich wende meinen Blick von ihnen ab, als sie mir die Spritze setzen. Will sie nicht sehen, mir reicht, sie zu erdulden. Mein Leben ist vorbei, auch wenn ich lebe. Was soll ich noch hier? Hab' sie verloren, meinen Mann und die Kinder. Hab' es verloren, mein Haus, samt Hab und Gut. Nicht mehr als ein Wimpernschlag lag zwischen Glück und Unglück; und unendlich viel zerstörerisches Wasser. Aus Glück wurde Trauer, aus Liebe Einsamkeit und die Familie ist nur noch Erinnerung. Den Gedanken daran ertrage ich kaum. Es tut so furchtbar weh. Wieso nur bin ich am Leben geblieben? Viel lieber wäre ich mit ihnen gegangen. Tote müssen nichts ertragen. Weil ich das sagte, brachten sie mich hierher. Seitdem ruht unentwegt ein Auge auf mir. Plötzlich ein Schrei! So schrill, dass ich zittere. Danach ein Schluchzen. Aus der Tiefe der Halle höre ich eine Frau weinen, irgendwo hinter der Trennwand, die die Sorgen der Schwere nach teilt. Weiß die Wand, wie schwer die Sorgen jedes einzelnen wiegen? »Die Trennwand muss weg!«, will ich fordern und kann es nicht. Auch ich will schreien. Will weinen. Hoffe, dadurch den Kummer aus mir heraus zu pressen, ihn auszuwaschen. Ich öffne die Lippen, aber alles, was sich aus meiner rauen Kehle quetscht, ist ein Krächzen. Der Schmerz will nicht befreit werden, will bleiben und mich quälen.

Sonnenstrahlen fallen durch die Oberlichter der Halle. Es war lange nicht mehr so hell. Mir scheint's, als entfachten sie einen zarten Lebensfunken in mir. Ich sehe, wie Staubkörner im Rhythmus der Lichtwellen durch die Halle tanzen. In meinen Zehen und Fingern kribbelt es. Immer mehr Blut fließt in sie hinein. Die Taubheit weicht aus meinem Körper, während die Psyche noch in meiner gelähmten Gefühlswelt umherirrt. Ich richte mich auf und hole meine Beine unter der Wolldecke hervor. Die Staubteilchen verwandeln sich schlagartig in funkelnde Sterne vor meinen Augen, bevor sie erneut zu Staubkörnern metamorphosieren. Ich starre auf meine Füße, auf den Boden, der nachgibt, als ich den Versuch unternehme, mit beiden Beinen im Leben zu stehen. Ich wanke. Schon wieder eilt jemand herbei, stützt mich und fragt: »Wollen Sie aufstehen?« Ich bin aufgestanden, will ich antworten, stattdessen schlucke ich die Worte herunter. Der Jemand hält mich am Arm, während wir ein paar vorsichtige Schritte gehen. Ich steuere auf die Trennwand zu. Er ahnt nicht, was ich vorhabe, also lässt er es zu. Ich muss wissen, welche Schicksale sich dahinter befinden, muss die Menschen sehen, die vermeintlich weniger leiden als ich, weil die Wand zwischen uns es so einteilt. Nur noch drei, zwei, ein Schritt bis zum Paravent. »Langsam!«, ermahnt mich der Jemand, aber ich greife schon nach der Trennwand, tue so, als ob ich den Halt verliere und schubse sie mit aller Kraft um. Als sie zu Boden kracht, fange ich Hunderte Augenblicke ein. Mit dem Knall verbinden sich die schweren Sorgen mit den ganz schweren Sorgen, und sein Schall überbrückt die Kluft dazwischen. Der Jemand lässt mich auf wackeligen Beinen zurück, um die Ordnung wieder herzustellen. Statt mich zu stützen, gibt er seine arglosen Prioritäten preis. Ich schreite allein weiter, dorthin, wo ich die Weinende vermute. Meine Beine bleiben vor einem Feldbett stehen. Darauf liegt eine Gestalt, die samt Kopf unter einer Decke aus graubrauner Wolle mit roten Streifen steckt. Sie bedeckt sie wie ein Leichentuch. Ich kann nicht erkennen, ob es sich um einen Mann oder eine Frau handelt. Auch als ich mich räuspere, rührt sie sich nicht. Die Person darunter könnte ebenso tot sein. Ich wende mich ab und treffe auf leere Augen, die durch mich hindurchschauen. Augen, die zu viel Grausames gesehen haben. Augen, aus denen die Seele geflüchtet ist. Sie gehören zu einem Gesicht ohne Lachfalten und die eingefallenen Wangen verraten, dass diesem Menschen das Menschsein vergangen ist. Ich gehe auf ihn zu, als mich derselbe Jemand von vorhin am Arm packt und mich mit einer Hand zwischen meinen Schulterblättern an der Trennwand vorbeischiebt. Ich wundere mich, dass sie immer noch am Boden liegt, während der Jemand sagt: »Beim Versuch, sie aufzurichten, ist sie erneut umgekippt und dabei kaputt gegangen.« Eine Nachricht, die es wie ein Gewichtheber schafft, meine zentnerschweren Mundwinkel einen Millimeter zu heben.

Die Nacht ist überstanden. Besonders im Dunkeln wächst der Kummer zu einem Bergfels, von dessen Fuß aus ich immer wieder zum Gipfel emporschaue. Ich weiß nicht, wie ich ihn jemals bezwingen soll. Zum Bergsteigen braucht man einen unbedingten Willen. Mir fehlt er sogar zum Leben. Ich starre die Decke an, von der Turnringe und erloschene Lampen baumeln. Sie denken nicht daran, das trübe Licht in der Halle aufzuhellen, um es Tag werden zu lassen. Durch die geöffneten Oberlichter pfeift der Wind seinen Weckruf. Ich friere und ziehe mir die Wolldecke bis unter die Augen. Wie still es ist, trotz all der Leute hier. Heute ist die Trauer der Menschen leise. Laut dagegen ist die Leere in meinem Kopf. Darin rauscht es unaufhörlich. Auf einmal ein Schrei aus dem Nichts, so schrill, dass ich zusammenfahre. Danach ein Schluchzen. Es ist dieselbe Frau, die weint. Nur fühle ich dieses Mal mit ihr, weil die Trennwand ihr Leid nicht mehr abschottet. Die Wand musste weg, weil sie ungefällig zwischen unseren Sorgen stand. Ohne sie sind wir gleicher. Ich habe sie gefunden, sie weint ihre Hände weich. Setze mich zu ihr und höre dem Fluss ihrer Tränen zu, der das Rauschen in meinem Kopf übertönt und denke, panta rhei, alles fließt. Ich lege meine Hand auf ihre Seele, um ihr Halt zu geben, bevor der reißende Strom sie aus ihrem Körper spült. Die arme Seele, sie kämpft, sie boxt, ich kann es spüren. Die Frau zuckt und verschluckt sich an ihrem Schreck. Sie schaut mich an und ich will ihr Worte des Trostes schenken, aber woher soll ich sie nehmen? Unsere Augen verfangen sich, sprechen zaghaft zueinander und ehe wir uns versehen, rufen wir Erlebtes wach. Aus unseren Blicken fließen Trümmer unserer Gefühle, Seelenscherben schwimmen an uns vorbei, die der Schlamm vergräbt, ehe wir danach greifen können. Ohne Vorwarnung kippt die Frau zur Seite. Ihr Kopf fällt sanft aufs Kissen. Dabei verpufft Lavendelduft. Ich fühle ihre Erschöpfung. Ich fühle auch, wie gut uns die Begegnung tut, die gleichzeitig Entsetzen und Verbundenheit freilegt. Sie braucht jetzt Ruhe. Ich brauche jetzt Ruhe. Zwischen uns Menschen ist es kräftezehrend.

Als ich zu mir komme, steht mein Traum im Schleier vor mir. Meine Augen sind verklebt und noch zu müde, um sich zu öffnen. Ich will mir den Traum hinter meinen Lidern noch einen Moment lang anschauen, bevor der Aufschlag ihn endgültig wegwischt. Nur noch unscharf sehe ich eine Frau, die so lange in ihre Hände weint, bis sie vor ihren Augen verschwimmen und schließlich wie Wachs zerfließen. War die Begegnung mit ihr nur eine Halluzination, nicht mehr als ein nervliches Feuerwerk meines Hirngespinstes? Es hat sich echt angefühlt. Ich lasse die Augen zu, will meine anderen Sinne suchen. Lavendelgeruch nehme ich wahr, doch ich kann ihn nicht zuordnen. Ich spüre, dass jemand meine Hand hält. Habe sie vermisst, die Frau, die sich mit zerbrochenen Seelen auskennt und mit dem Wissen um die Wirkung der Berührung. Allein diese Geste lässt mich atmen. Etwas in mir will diesem Menschen an meiner Hand in die Augen schauen und zupft an meinen Lidern, aber ich will nicht sehen, wer sie mir in Wahrheit hält.

Auch Stunden später will der Schleier nicht verschwinden. Er hängt so tief vom Himmel, als wolle er etwas vor mir verbergen.

Ich weiß nicht, ob es richtig oder falsch ist, die Halle zu verlassen, in die sie die Menschen gebracht haben, als das Unglück über uns kam. Ich will glauben, das da draußen sei mir egal, aber mein Herz fürchtet sich vor den Verwüstungen des Wildwassers und trommelt verzweifelt gegen meinen Brustkorb, als ich den Schritt ins Freie wage. Es wehrt sich, will sich aus meinem Körper befreien. Ich halte meinen Atem an, aber es klopft erbittert. Solange mein Herz sich nicht in Sicherheit wiegt, kann es nicht zur Ruhe kommen. Was könnte ich schon sehen, was ich nicht bereits erlebt habe?, versuche ich mich zu beruhigen und glaube doch nicht, was ich denke. Und trotzdem fühle ich Heilsamkeit unter freiem Himmel, an der Luft aus Sauerstoff und Trümmerstaub. Die Berge voller Zerstörtem sind neu hier. Die Menschen haben mit dem Aufräumen begonnen und auf einen Haufen geworfen, was verloren ist: Waschmaschinen, zerborstene Türen, Vorhänge, schlammgetränkte Matratzen, Backsteine sind wie eine Warte aufgetürmt, von der aus eine Elster die Katastrophe überblickt und dabei krächzt. Mein Verstand hat die Kontrolle über meine Beine verloren, die zu wissen scheinen, wohin sie wollen. Da ist ein grellgrünes Zeichen auf die Fassade gemalt, auf der Übernächsten ein Gelbes. Sie haben die Hauswände besprüht. Wie ferngesteuert gehe ich weiter Richtung Fluss und biege schließlich in die Straße direkt am Wasser ab. Die Häuser, die noch stehen, sind mit zwei Zeichen markiert, dazwischen Krater der Leere, die an ein lückenhaftes Gebiss erinnern. Jemand sagt: »Guten Tag«, und fragt mich besorgt, was ich hier mache. Die Stimme kommt mir bekannt vor, aber ich schaue zu Boden und antworte nicht. Die Suche nach dem Namen des Grüßenden schiebe ich zur Seite. Ich fühle mich auf einmal fehl am Platz, ausgespuckt wie eine zu bittere Mandel. Will weg von hier, von dem, der mir hinterherruft. Ich will mit niemandem sprechen, über das, was ich verloren habe. Ich kann nicht. Das Kopftuch binde ich jetzt fester, ziehe am Knoten, damit keine meiner Gesichtszüge entgleisen. Das Kopftuch lag heute Morgen neben meinem Kissen. Als ich die Augen aufschlug, war es da. Ich roch Lavendel, bevor ich es fand. Die Trösterin hatte ich verpasst.

Die Zeichen an den Fassaden lassen mich nicht los. Was haben sie zu bedeuten? Was denken die Menschen darüber, die in diese Häuser gehören? Sie verheißen etwas. Das spüre ich. Geben Hoffnung. Nehmen Hoffnung. Meine Hoffnung wurde fortgerissen. Sie schwimmt irgendwo flussabwärts, ertränkt. Abrupt bleibe ich stehen. Mein Herz setzt zum Sprung an, weil es über etwas Entsetzliches stolpert. Hier am Altstadttor türmt sich auch ein Berg aus Unrat. Wie darauf geworfen liegt das Denkmal, das einmal die Altstadt zierte. Zerbeult, verrostet, durch Naturgewalt von seinem Fundament gerissen, krönt es den Müllberg und reckt mir hämisch seine fünf Worte entgegen: ›Wir sind das blühende Leben‹. Bleich vor Grauen will ich schreien, doch dann würge ich mein pumpendes Herz heraus. Schwindel lässt mich taumeln und im Moment der Ohnmacht erscheinen mir all die Bilder der Zerstörung durch einen vermeintlich friedlichen Fluss. Ein Fluss, der nichts anderes getan hatte, als sich aus dem Korsett zu befreien, in das ihn der Mensch gezwungen hatte. Für den Preis eines Idylls. Auch ich hatte geglaubt, der Fluss hätte seinen Frieden damit geschlossen. Hatte ihn täglich an unserem Heim vorbeirauschen sehen. Manchmal meinte ich, Schreie aus dem Fluss zu vernehmen, rannte ans Fenster und erkannte doch nichts; nicht seinen unnatürlichen Lauf. Nicht, wie er sich vor Schmerzen bog, in seinem gemachten Flussbett. Nicht die Widerspenstigkeit der geglaubten Zähmung. Blind zugeschaut hatte ich, seine Pein ertragen, ohne zu protestieren, weil es mir mit diesem Idyll besser ging. Und nun hatte der Fluss seinen Tribut gefordert; das Elend steht seither Schlange, und ich habe mich eingereiht. Wie viele Wunden hält die Natur für uns Menschen noch aus?

Foto: Christian Edgar Scholz

Hilfe, meine Texte klingen künstlich

Wenn du an deiner Autor:innenstimme zweifelst

Unsere Sprechstimme klingt hin und wieder kratzig, belegt oder rau, z. B. wenn wir erkältet sind. Dagegen helfen ein warmer Tee mit Honig oder ein Salbeibonbon. Was aber, wenn wir unsere Schreibstimme als steif, uninspiriert, langweilig, gezwungen oder unecht wahrnehmen? Oder gar der Meinung sind, wir besäßen keine? Die ultimative Lutschpastille gegen derartige Selbstzweifel von Autor:innen wurde leider noch nicht erfunden. Früher hätte ich so einen Zauberdrops oft nur zu gern gelutscht. Ach, wie herrlich wäre das gewesen! All die bitteren Ängste rund ums Schreiben, der ausbremsende innere Perfektionismus und die hohen Erwartungen an mich selbst – einfach weggezaubert. Und dazu hätten all die hemmenden Fragen, die mir im Kopf herumspukten, keine Antworten mehr benötigt: Bringt meine Sprache rüber, was ich ausdrücken möchte? Werde ich je einen unverwechselbaren Ton finden, der zu mir passt? Warum geht anderen das Schreiben so leicht von der Hand – und klingt auch noch viel besser? Die ständige Unzufriedenheit mit meinen Texten, das wiederholte Überarbeiten einzelner Sätze, die lange Suche nach dem einen perfekten Wort – verwandelt in einen süßen Geschmack aus Selbstvertrauen in mein Können mit einer Nuance Verliebtheit in den eigenen Sound.

Verliebt in die eigene Schreibstimme, klingt das nicht ein wenig egozentrisch? Möglich. Aber beim Schreiben von Prosa durchaus gerechtfertigt, schließlich dreht sich dabei alles um uns: unsere Gedanken, Erfahrungen und Gefühle. Es dreht sich um das, was uns so sehr bewegt, dass wir es in eine Geschichte einbetten und in Sprache umwandeln und anderen mitteilen möchten. Inzwischen bin ich davon überzeugt: Wenn wir voll und ganz hinter dem stehen, was wir schreiben und uns selbst gefällt, wie wir uns schriftlich ausdrücken, sind wir nicht nur ganz nah bei uns und unserer Autor:innenpersönlichkeit, sondern auch ganz nah an einer authentischen und natürlichen Schreibstimme. Und die ist elementar für uns Schriftsteller:innen, immerhin ist sie laut Autor Stephan Waldscheidt die Basis für alle anderen Stimmen, die in unseren Texten zu finden sind: die Erzählstimme und die einzelnen Figurenstimmen sowie die erlebte Stimme der Leser:innen.

Doch wie sehr mein Sound mit mir und meiner Persönlichkeit verbunden ist, war mir nicht immer klar. Lange dachte ich, bei der Autor:innenstimme handele es sich um etwas Angeborenes, um Talent. Man hat sie, oder eben nicht. Jetzt weiß ich, die Schreibstimme bildet sich im Laufe der Zeit heraus, entsteht aus unserer Biografie, aus unseren Einstellungen und Werten, aus Emotionen und Stimmungen, Zielen und Denkprozessen. Und natürlich aus unserem Umgang mit Sprache. Je mehr wir lesen und schreiben, desto sicherer werden wir in unserem Ausdruck, entwickeln eine individuelle Art, Sätze zu bauen, eignen uns stilistische Elemente an, die immer wieder den Weg in unsere Texte finden, ebenso wie Lieblingsworte und Wendungen. Wer noch nach der eigenen Schreibstimme sucht, mag sich fragen, ob das von allein geht oder mit gezieltem Training. Autor Raymond Chandler meint dazu, Stil sei »die wertvollste Investition, die ein Schriftsteller mit seiner Zeit tätigen kann«. Die Auseinandersetzung mit bestimmten Konventionen für eine verständliche und ansprechende Sprache schadet sicher nicht. Aber wenn es um diesen speziellen und individuellen Grundton geht, der in all unseren Texten mitschwingt, laufen wir Gefahr, dass unser Ausdruck unnatürlich klingt, wenn wir uns zu stark an diesen Konventionen orientieren und festhalten. Im schlimmsten Fall entstehen so Schreibprobleme und noch größere Ängste und Selbstzweifel. Laut Schriftstellerin und Kreativitätsexpertin Julia Cameron sollten wir uns den eigenen Stil deshalb nicht zwanghaft oder krampfhaft anzueignen versuchen. Sie ist davon überzeugt, dass es nicht nötig ist, eine einmalige Stimme bewusst zu entwickeln: »Wir müssen sie lediglich entdecken oder, vielleicht besser: aufdecken.« Das geschieht in der Regel nicht von heute auf morgen, sondern ist ein langwieriger Prozess. Bei Romanautor:innen kann das über den Schaffensprozess von mehreren Büchern hinweg dauern. Klingt mühselig, ist aber völlig natürlich, denn Schreiben ist ein organischer Prozess, ist natürliches Wachstum. Und dabei wachsen nicht nur unsere Texte, sondern auch wir selbst und unser Ausdrucksvermögen. Und mit der richtigen Herangehensweise klappt das sogar leicht und mühelos – wie das Lutschen eines köstlichen Bonbons.

Tipps für das Aufdecken deiner natürlichen Schreibstimme

Regelmäßiges Schreiben mit der Hand kann dabei helfen, die eigene Schreibstimme aufzudecken, vor allem, wenn wir dabei alle Gedanken an korrekte Rechtschreibung, Grammatik und Zeichensetzung sowie stilistische Konventionen ausblenden. Richten wir unseren Fokus stattdessen auf das, was wir mitteilen möchten, findet sich die passende Ausdrucksform oft von allein. Thematisch bei dem zu bleiben, was uns bekannt ist, unterstützt die freie Entfaltung unserer Stimme. Geeignet sind Tagebucheinträge, Morgenseiten, Briefe, Essays oder Prosaminiaturen, in denen wir aus dem Bauch heraus über sehr persönliche Themen schreiben und so eine Annäherung schaffen zwischen dem, was uns bewegt und unserer Sprache. Über die sogenannte Clustering-Methode von Gabriele L. Rico können wir dieses natürliche Schreiben trainieren, da hier begriffliches und bildliches Denken intuitiv zusammenfließen. Ausgehend von einem Kernwort spinnen wir ein Gedankennetz aus Assoziationen, die wir mit Kreisen und Pfeilen verweben, um anschließend einen in sich geschlossenen Text zu schreiben. Draußen wird der Effekt noch intensiver, denn es gibt wenig, das mehr inspiriert und anregt, als in und über die Natur zu schreiben, die uns umgibt und uns formt. In der Natur werden alle unsere Sinne aktiviert und dadurch die Kreativität angeregt.

Buchtipp
Gabriele L. Rico (2020): »Garantiert schreiben lernen«, Autorenhaus Verlag.

Daniela Esch ist Vollwortverkosterin, Schreibberaterin und Autorin. Sie schreibt beruflich wie privat, kreativ-literarisch und achtsam-therapeutisch – vom Tagebuch über Werbetexte bis zum Roman. Einige ihrer Kurzgeschichten wurden in Anthologien und Literaturzeitschriften veröffentlicht, 2020 erschien ihr Lyrikband »Lektionen in Melancholie«. Schwerpunkte ihrer Coachings und Schreibwerkstätten sind ein ausgeglichenes Mindset sowie Zufriedenheit bei und mit dem eigenen Schreiben. Mehr unter www.vollwortkost.de

Foto: Privat

Foto: Dominic Hoch

Geißbart

Ulla Schuh

Ich stehe im Geißbart und kämpfe. Der Spaten lässt sich kaum in die Erde drücken, so verwurzelt ist der Ballen. Millimeter für Millimeter stemme ich das Eisen in den harten Boden. Ich schwitze und verspanne mich schrecklich. Ich weiß, dass ich mich heute Abend kaum noch bewegen kann, aber das macht mir nichts aus. Im Moment möchte ich nur den Geißbart lockern, ihn teilen und Platz im Beet schaffen. Platz für die fette Henne, den Sonnenhut und die rote Melde. Schön wird das aussehen, die rosafarbenen Tupfer, die verschiedenen Blätterformen und Stängelhöhen. Im Juli wird das Beet voller Hummeln sein und die Luft laut vibrieren. Ich sehe es vor mir, als sich der Spaten wieder ein Stücken tiefer in die Erde bohrt. Ich sehe es vor mir und nichts anderes mehr. Ich habe Blätter in den Haaren und Erde im Gesicht. Der Geißbart sticht in mein linkes Bein. Gleich werde ich eine Schwiele an der Hand haben. Es brennt. Ich bin zufrieden. Ich werde den Geißbart teilen, irgendwann, in ein paar Stunden. Ich werde die zwei Meter langen Wurzeln lösen, werde mit aller Kraft die Erde anheben und dann die Tierchen heraushuschen sehen. Vielleicht kringelt sich ein Regenwurm in der Erde, vielleicht riecht es nach Katzenurin und feuchtem Moos. Ich werde eine Bodenprobe machen und ich werde sehen.

Eine Haarsträhne fällt mir ins Auge, ich wische sie mit den erdigen Handschuhen aus meinem Gesicht. In der Schule bin ich darauf bedacht, dass meine Haare frisch gewaschen sind und ich bringe sie vor Unterrichtsbeginn in Form, jeden Tag. Die Schüler würden mich so gar nicht erkennen, denke ich. In Buddelhosen voller Erde. Manchmal nehme ich mir vor, ungeschminkt und in Gartenklamotten in die Schule zu gehen, lasse es aber bleiben. Es erscheint mir sicherer, in mein Jackett zu schlüpfen, die Haare einzudrehen und die Augenringe zu überschminken. Dabei gehe ich ungeschminkt zum Bäcker, mein Postbote kennt mich in Buddelhosen und meine Familie mag mich in allen Hosen.

Wenn mein Mann nach Hause kommt, findet er mich meistens im Garten. Er hat es aufgegeben, mich an Sonnenmilch und Hut zu erinnern. Regelmäßig hole ich mir einen Sonnenbrand und manchmal sogar einen Stich, weil die Erde wieder mal nicht lockerlassen wollte. Ich vergesse die Zeit, ich vergesse das Mittagessen oder einen Anruf, wenn ich draußen bin. Deshalb bin ich im Garten. Nicht dass ich im Unterricht nicht ackern würde, im Gegenteil. Auch da schwitze und verausgabe ich mich. Aber ich verausgabe mich im Jackett, das ist ein Unterschied. Im Garten schaut mir niemand zu. Niemand will etwas von mir, niemanden schert es, ob ich Augenringe habe. Nicht einmal mich. Meine einzige Aufgabe ist es, den Wurzelballen zu teilen.

Ich versuche, das auch meinen Schülern beizubringen. Geduld zu haben, an sich zu glauben. Tief zu graben und etwas mit den Händen zu tun. Was sie nicht wissen: Wie ich das mache. Ich vermittle es ihnen nachvollziehbar, denke ich, ich glaube fest an das, was ich sage. Doch das, was ich in meiner Freizeit tue, bleibt ihnen verborgen. Viele Kolleginnen von mir wandern in Regenjacke mit ihrer Klasse auf Berge oder fahren im Badeanzug Kanu. Ich nicht. Ich stehe vormittags zurechtgemacht in der Schule und nachmittags verdreckt im Beet. Vermutlich haben die meisten Menschen zwei ausgeprägte Seiten in sich, womöglich sehen sie es gar nicht als Widerspruch an, sondern als Ergänzung, schlicht als ihren Charakter. Ich habe versucht, das auch so zu sehen. Doch es funktioniert nicht. Die Gartenarbeit ist kein Ausgleich für die Schule, kein Hobby, kein Zeitvertreib. Der Garten ist keine Metapher, kein Gedicht.

Der Garten hat mir gezeigt, dass ich nicht alles kontrollieren kann. Der Garten hat mir gezeigt, dass alles seine Zeit hat und nicht immer gelingt. Er hat mir gezeigt, dass man manchmal einfach nur Geduld braucht, und dann wachsen die Dinge von ganz allein.

Nein, das stimmt nicht. All das wusste ich schon, bevor ich mich an die Gartenarbeit gemacht habe. Ich bin als Gärtnerin nicht geduldiger geworden und auch nicht weniger kontrollwütig oder weniger zwanghaft. Ich bin nicht geerdeter, bodenständiger oder natürlicher geworden. Ich trage immer noch Föhnfrisur und Bedenken mit mir herum.

Bin ich im Grünen, ist das aber weniger wichtig. Ich kann mich sein lassen. Im Kampf gegen den Geißbart sehe ich mich, wie ich bin. Ich ziehe und zerre, ich rupfe und zupfe, ich will bezwingen und kontrollieren, ich will die Erde auflockern und Pfahlwurzeln auslöschen. Ich will rosa Tupfen, Hummelgebrumm und unterschiedliche Wuchsformen. Vielleicht ist das gar nicht so weit weg vom Unterrichten, nur in Buddelhosen.

Ich schaue mir im Garten selbst zu. Ich sehe mich. Ich halte es aus. Ich halte es aus, dass ich den Garten nur für eine kleine Weile bearbeiten, ihn gestalten kann. Viele Gärten um uns herum sind inzwischen überwuchert. Etliche Nachbarn sind alt geworden, die Dinge sind ihnen über den Kopf gewachsen, auch die Gartenarbeiten. Nach wenigen Monaten sieht man das den Grundstücken bereits an. Es wird nicht mehr geerntet, die verwelkten Blüten werden nicht entfernt, die Beete nicht neu angesät. Die tägliche Arbeit, die in einem Garten steckt und ihn auf die ein oder andere Weise formt, fehlt. Wird nicht mehr Hand angelegt, erobert die Natur den Boden zurück und er wird zur Wiese, zum Acker, zu einer Wildfläche, vielleicht zu Brachland. Was bleibt, sind meist Disteln, Löwenzahn und Giersch. Vielleicht ein paar Duftwicken und Wildzichorie.

Als wir in unser Haus zogen, sah es dort auch so verwildert aus. Es brauchte viele Jahre, bis aus dem Wildwuchs ein mehr oder weniger angelegter Garten wurde. Mit Igelnistplätzen, Staudenbeeten und Gemüsereihen. Ich weiß, dass dieses Gleichgewicht fragil ist, dass ich ein Teil davon bin und es herstelle. Fehlen meine Handgriffe, wird es sich verändern. Für eine Weile kann ich das Stückchen Grün gestalten, das weiß ich, wenn ich im Geißbart stehe, auch wenn er gewinnen wird. Egal, was ich tue. Hier, in meinem privaten Rückzugsort, empfinde ich Demut. Bin ich in der Schule, kämpfe ich gegen das Leben an.

Ich mache mir eine Föhnfrisur, jeden Morgen.

Ich liebe das Leben.

Und ich habe Angst davor.

Evolution

Foto: Julia Hoch

Evolution

Thyra Thorn

Das Dreifingerfaultier Bradi hat eine begrenzte Vorstellung von Mathematik. Es kann bis drei zählen, sieht sich dazu aber nur veranlasst, wenn es auf die Familie Choleopus trifft, deren Mitglieder an jeder Hand nur zwei Finger haben. Zwar besitzen die Zweifingrigen ebenfalls drei Zehen, weswegen man sie immerhin zur weiteren Verwandtschaft zählt, aber eben nur ›krüppligen Verwandtschaft‹, die man nolens volens auf größeren Familienereignissen wie Beerdigungen und Hochzeiten trifft.

Der schöne Bradi lümmelt sich dann an der festlich gedeckten Tafel herum, beugt sich weit vor und langt mit den langen Armen hinüber, fährt mit den Fingern wie absichtslos über das Tischtuch, trägt auffallende Ringe und knabbert mit blasiertem Gesichtsausdruck an seinen sechs Fingernägeln herum.

Eine Abbildung des entspannt in einem Baum dösenden Bradi und seines an einem Ast baumelnden, eher mickrigen zweifingrigen Verwandten Loepi beschäftigt heute den naturwissenschaftlichen ›Fauna, Flora und sonstiges e. V.‹, dessen Mitglieder sich einmal im Vierteljahr im großen Saal des Lüdenscheider Naturkundemuseums zu einem Vortrag treffen.

Hinter dem Rednerpult zwischen Bradi und einer Vitrine mit nur schwach beleuchteten, aber toten und in der Folge ausgestopften Wüstenrennmäusen hat sich der Vorsitzende Dr. rer. nat. Semmelmeier aufgebaut. »Die Frage ist ja nun«, schmettert er in den Raum, »warum hat das eine Dreifingerfaultier drei Finger und das andere nur zwei?«

Nach einer spannungsgeladenen Pause erläutert er den Anwesenden, dass die Dreifingerfaultiere (*Bradypus*) die einzige Gattung innerhalb der Familie der Bradypodidae seien und eine der zwei heute noch bestehenden Linien der Faultiere (Folivora) darstellten. Der Name

Dreizehenfaultiere, der diesen Tieren manchmal gegeben werde, sei insofern missverständlich, als auch die Zweifingerfaultiere (*Choloepus*), die zweite rezente Linie, an den Hinterfüßen ebenfalls drei Zehen besäßen.

»Aha«, meint Frau Dr. sc. hum. (scientiarum humanarum) Angermeier, »Bradipus scheint mir der Endpunkt einer aus Folivora hervorgegangenen Entwicklung zu sein. Er wirkt deutlich ausgereifter und viel prächtiger als Choloepus.«

Dr. phil. Erlesbacher meldet sich zu Wort: »Seit wann wachsen den Lebewesen zusätzliche Finger, eher verlieren sie doch welche. Die Evolution schreitet voran und nicht zurück, immer voran.«

»Vorwärts immer, rückwärts nimmer«, mault Dr. Des. (designatus) Liebermann, den aber wegen seiner noch nicht veröffentlichten Doktorarbeit keiner im Raum ernst nimmt.

»Sag ich doch, die Evolution gipfelt in Bradipus, er ist der perfekte Endpunkt einer langen Auslese, Choloepus ist ein Fehler, der in der Folge ausgemerzt werden wird.«

»Mit zwei Fingern fällt man also eher vom Baum?«

»Wer wird hier ausgemerzt?«

»Choloepus ist nun mal unterentwickelt, wenn nicht gar verkrüppelt. Das wird man wohl noch sagen dürfen.«

»Jetzt hört's aber auf, Frau Dr. Angermeier, Choloepus ist doch kein Fehler, sondern eine eigene Gattung. Sie entstand im Oligozän vor rund 30 Millionen Jahren!«

»Phh. Glaub ich nicht!«

»Frau Dr. Angermeiers Argumentation scheint mir ausgesprochen teleologisch«, findet Dr. Liebermann.

»Gottes Wege sind eben unergründlich, junger Mann«, schaltet sich Dr. theol. Immergrün ein.

»Unergründliche Wege gibts nur im Moor.«

»Am dritten Tag schied der Herr Erde von Wasser, das Meer vom festen Untergrund.«

»Und am sechsten schuf er das Dreifingerfaultier und am achten das Zweifingerfaultier oder war es umgekehrt?«

»Erst das Zwei-, dann das Dreifingrige, sag ich doch.« Frau Dr. Angermeier lächelt Herrn Dr. Immergrün an.

»Vielleicht war Gott am siebten Tag so besoffen, dass er sich nicht mehr an die Erschaffung des dreifingrigen Faultieres erinnern konnte, und daher am achten Tag noch mal eines erschuf?«

»Junger Mann …«

»Außerdem litt er unter einem derartigen Kater, dass er nicht mal mehr bis drei zählen konnte.«

»Das, das ist Blasphemie, was Sie da treiben.«

»Ich betreibe Ihre Demontage, Herr Dr. Immergrün, das ist alles!«

»Meine Herren und Damen Doctores! Bitte!«, schaltet sich Dr. Semmelmeier ein. »Lassen Sie uns fortfahren.«

»Vielleicht kommen wir weiter, wenn wir uns die Lebensräume der beiden Gattungen ansehen. Die einen bewohnen den Boden, die anderen turnen in den Bäumen«, schlägt Dr. h. c. Husserlmüller vor und lacht freundlich in die Runde, um die Wogen zu glätten.

»Nein, leider nicht. Die heutigen Zwei- als auch Dreifingerfaultiere leben fast vollständig in tropischen Regenwäldern in den Baumkronen und ernähren sich von Blättern bzw. von ein paar Insekten. Sie bewohnen die gleiche ökologische Nische.«

»Die einen turnen tagsüber herum, die anderen nachts?«, hofft Dr. Husserlmüller.

»Nein, beide Gattungen sind sowohl tag- als auch nachtaktiv.«

»Die einen krabbeln aufrecht, die anderen hängen?«

»Werden Sie nicht albern, beide bewegen sich meist mit dem Rücken nach unten hängend vorwärts. Sogar dar Haarstrich verläuft vom Bauch zum Rücken, sodass der Regen abperlen kann.«

Frau Dr. Angermeier kann sich nicht zurückhalten: »Die Evolution macht nichts aus Jux und Tollerei. Wenn derjenige überlebt, der am besten angepasst ist, dann überlebt eben nur der!«

»Die kämpfen doch nicht miteinander. Das sind strikte Einzelgänger!«

»Survival of the fittest! Einer m u s s übrig bleiben.«

»Wär' ja schön, wenn das bei Menschen auch gelten würde. Survival of the intelligentest. Dann hätte es so mancher hier in der Runde schwer«, mault Dr. Liebermann.

»Also hören Sie mal, veröffentlichen Sie erst mal Ihre Dissertation, bevor sie hier Ihren Schnabel aufreißen!«

»Apropos Schnabel, die beiden Gattungen unterscheiden sich erheblich durch ihre Zähne. Das bringt mich zu Herrn Dr. med. dent. Geier. Bitte!« Dr. Semmelmeier tritt zur Seite, Dr. Geier quetscht sich hinters Rednerpult und legt einen Stapel Papiere vor sich, blättert ein wenig darin herum und hebt an: »Als ein gemeinsames Merkmal kann die Struktur der hinteren Zähne angeführt werden, deren Kauflächen zwei querständige Schneidkanten aufweisen. In die Gruppe gehören die Megalonychidae, welche durch die Modifikation des jeweils vordersten Zahns charakterisiert werden, der eine eckzahn- (*caniniform*) oder schneidezahnähnliche (*incisiform*) Form aufweist und durch ein langes Diastema von den hinteren, molarenartigen …«

»Aufhören, bitte nicht!«, ruft Dr. h. c. mult. (multiplex) Pfitzelsreuther, »ich habe mir geschworen, keine Minute meiner Lebenszeit einem weiteren Vortrag über Zähne zu opfern!«

»Können wir uns nicht darauf einigen, dass die Zweifingrigen – aus einem Paralleluniversum quasi – in unsere Dimension herübergespült wurden?«, fragt Dr. Husserlmüller.

»Quatsch!«

»Ach ja und wie viel wahrscheinlicher ist die unilineare Evolutionstheorie à la Angermeier?«, ärgert sich Dr. Husserlmüller und pfeift auf weitere deeskalierende Bemühungen.

»Dem kann man sich rein rechnerisch annähern, ebenso wie der Möglichkeit einer Entwicklung hin zur Zwei- oder Dreifingrigkeit«, schlägt Herr Dr. sc. math. (scientiarum mathematicarum) Rechinger vor.

»Was bringt uns das?«

»Nö, das wollen wir nicht.«

»Meine Herren und Damen Doctores«, ergreift Dr. Semmelmeier wieder das Wort: »Wir müssen eben eine Kontingenz in diesem Fall hinnehmen, jede Theorie kann schließlich hinterfragt werden. Anders als die Evolutionstheorie à la Angermeier behauptet, ist die Dreifingrigkeit k e i n e für die Anpassung an seine ökologische Nische notwendige Entwicklung, die alternative Entwicklungen unmöglich erscheinen lässt. Die pure Existenz eines zweifingrigen Faultieres, das ebenso gut in genau dieser ökologischen Nische zurechtkommt, beweist also, dass Dreifingrigkeit weder notwendig noch die Zweifingrigkeit unmöglich ist.«

»Das führt uns zu Gott.«

»Herr Dr. Grümmeiser! Was führt bei Ihnen denn noch alles zu Gott?«

»Immergrün, ich heiße Immergrün!«

»Herr Dr. Immergrün. Kommen Sie uns doch nicht wieder mit irgendeinem Gottesbeweis!«

»Wieso denn? Das Seiende auf dieser Welt ist nicht unmöglich, aber auch nicht notwendig, ist also kontingent. Wie das Faultier kann es sein oder nicht, es kann vergehen. Die Tatsache, dass es überhaupt seiend ist, muss es einem nicht kontingenten letzten Grund verdanken, einer notwendigen Existenz aus sich heraus. *Ens a se* sag ich nur – also Gott!«

»Der ab und an nicht bis drei zählen kann!«

»Herr Dr. Liebermann! Haben Sie meinem Einwand folgen können? Sind Sie geistig überhaupt dazu in der Lage?«

»Keine Sorge, das bin ich. Aber warum soll es einen letzten Grund geben? Warum widerfährt uns das Leben nicht einfach, so wie dem einen Faultier die zwei Finger und dem anderen die drei?«

»Das wäre ja purer Zufall!«

»Na und?«

»Wo bleibt denn da der Sinn?«

»Das frage ich mich langsam auch: Was will ich in diesem bigotten Altmännerverein?«

»Ich bin doch kein alter Mann!«, keift Frau Dr. Angermeier.

»Dann eben eine alte Schrulle.«

»Was erlauben Sie sich!«

»Ich gehe!«

»Nein, ich gehe!«

»Scheißverein!«

Während die Kontrahenten dem Ausgang zustreben, schiebt Dr. Semmelmeier seine Papiere zusammen: »Meine Herrschaften, das bringt mich zum letzten Punkt meines Referats: Während Zweifingerfaultiere ihre Fäzes einfach vom Baum fallen lassen, steigen Dreifingerfaultiere zum Kotabsetzen regelmäßig auf den Boden herab. Dort werden sie relativ oft von Beutegreifern gefressen. Ich danke Ihnen für Ihr Interesse!«

Hinter der Zeit hatte ich mich lange schon versteckt, in der Hoffnung, dass mich hier keiner finden würde. Ich habe den Koffer bei mir, mit unseren gemeinsamen Träumen. Zum Glück weißt du nicht mehr, was darin ist, und so wird dir auch nichts fehlen. Nur den vollen Mond ließ ich zurück. Ich traue ihm nicht, er würde mich sicher verraten, hat er mich doch schon einmal **verpetzt**. Vielleicht dachtest du, ich komme wieder. Vielleicht wolltest du mich nie richtig finden. Vielleicht wollte ich mich nicht verstecken. Vielleicht solltest nur du mich hier entdecken. Die Zeit bleibt jetzt wohl ein gutes Versteck. Versuche der Suche nun eingestellt.

@silke_scheffel

Hinterhof-Feuer

»Es reicht«, sagst du.
Die Kollegen sehen dich an, schütteln ihre gutfrisierten Köpfe. Der schon wieder, denken sie. Dabei haben sie keine Ahnung. Noch nie hatten sie das.
»Es ergibt keinen Sinn«, sagst du. »Niemand braucht, was wir hier tun.«
Aber sie trinken ihren scheußlichen Kaffee und essen pappige Kekse.
Du packst deine Sachen.
»Das ist naiv«, sagen manche. »Eine Kurzschlussreaktion.«
Dabei hast du viele Jahre darüber nachgedacht. Nichts ist bedeutungsvoller geworden. Also raus hier.
Am Abend ein großes Lagerfeuer in deinem Hinterhof. Du verbrennst alle **Schriftstück**hülsen, nickst, lachst, jemand singt und spielt Gitarre, der Wein schmeckt fabelhaft. Und alles fühlt sich groß und richtig an.

@tinabrueggener

Der Sturm rüttelt am Flieger, immer wieder sacken wir durch – auf und ab, als müssten wir uns durch schwere See kämpfen. Die Business-Typ neben mir krallt sich in die Armlehne. Die fröhlichen Jugendlichen hinten sind verstummt, abgesehen von spitzen Schreien bei den heftigsten Luftlöchern.

Auch ich halte erst den Atem an. Aber dann fallen mir die Kirmesbesuche damals mit Doris ein, der Nachbarin, die öfter auf mich aufpasste. Keine konnte so inbrünstig kreischen wie sie, wenn die Schiffschaukel am höchsten Punkt kippte, wenn der Schleuderturm in die Tiefe stürzte oder wir kopfüber durch Achterbahn-Loopings schossen. Dass Nervenkitzel Genuss sein kann, hatte ich ganz vergessen. Und huiii!, denke ich beim nächsten Absacken, nur eine **Wellenlänge** entfernt von einem lustvollen Juchzer.

@corinna_als_autorin

Foto: Dominic Hoe

Inseln

Foto: Chris Edgar Scholz

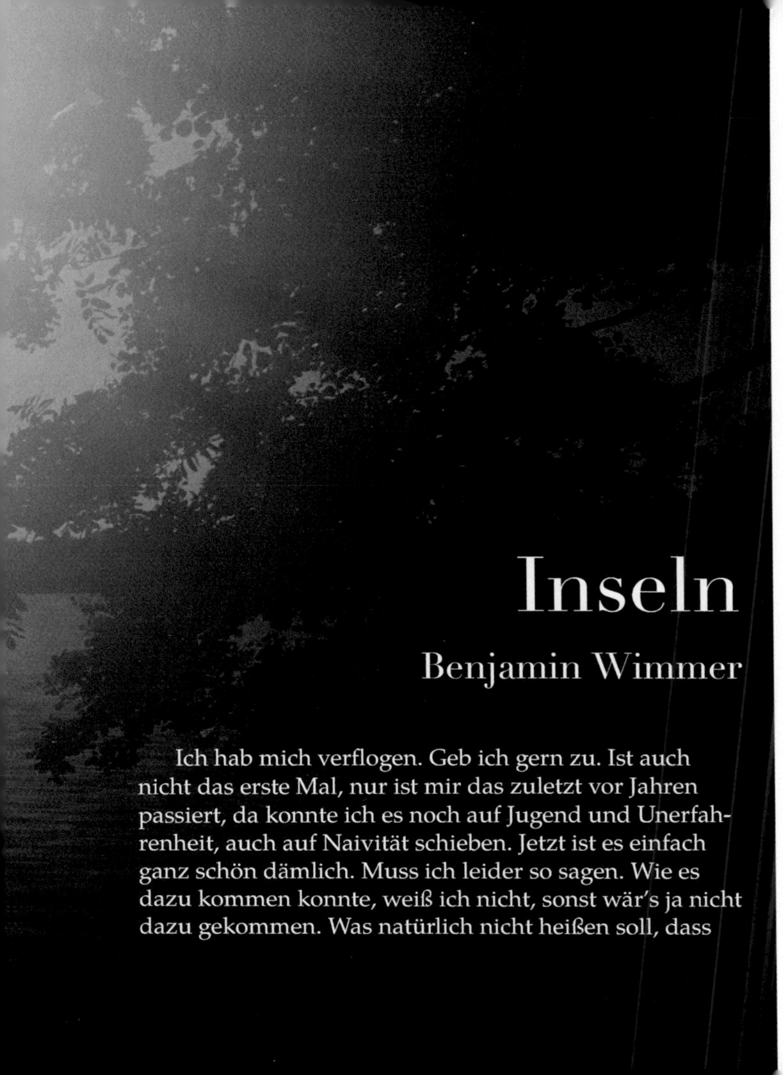

Inseln

Benjamin Wimmer

Ich hab mich verflogen. Geb ich gern zu. Ist auch nicht das erste Mal, nur ist mir das zuletzt vor Jahren passiert, da konnte ich es noch auf Jugend und Unerfahrenheit, auch auf Naivität schieben. Jetzt ist es einfach ganz schön dämlich. Muss ich leider so sagen. Wie es dazu kommen konnte, weiß ich nicht, sonst wär's ja nicht dazu gekommen. Was natürlich nicht heißen soll, dass ich meinen verfehlten Flug, wenn ich zu Hause angekommen bin, nicht analysieren werde. Das gehört dazu. Das mach ich selbst bei erfolgreichen Flügen. Jetzt aber gilt es, aus diesem Schlamassel rauszukommen. Angst hab ich keine. Ich hab noch nie von einer Möwe gehört, die sich verflogen hat und nicht wieder zurückgekommen ist. Deshalb wurde die wenigen Male, die es mir passiert ist, auch kein Aufheben gemacht. Ich bin gelandet, sie haben sich kurz erkundigt, ob mir etwas fehlt, dann ging alles seinen gewohnten Gang. Denn alle wissen: Da passiert uns nichts. Abenteuerliche Geschichten vom Durchhalten, von den Gedanken an die Familie, von extremen Taten, die gibt es bei uns nicht. Wir fliegen, wir fliegen weiter und kommen zurück. Den ganz Jungen wird dann noch mal das erklärt, was sie ohnehin wissen müssten, aber selbst bei ihnen ist alles sehr zurückhaltend. Das ist also nicht das Problem. Schon eher, wie sie damit in der Zeit danach umgehen werden. Vor allem, wenn gerade nicht viel los ist, genügt schon ein Missgeschick und man bekommt einen Stempel aufgedrückt: Das ist doch die, die sich ständig verfliegt. Da sind bei uns schon unschöne Sachen passiert, die in Richtung Mobbing gehen, und auch wenn mein Malheur keinesfalls so außergewöhnlich ist wie die anderer, die viel Spott nach sich gezogen haben, seh ich dem ungern entgegen. Doch dafür muss ich erst mal heim. Ich hab schließlich noch einiges zu tun. Also flieg ich nach Nordosten, wo bald die kleine Insel auftauchen müsste. Einen kleinen Zwischenstopp kann ich dort einlegen, vielleicht, dann wartet noch eine weite Reise auf mich. Das Wasser fliegt unter mir vorbei, darin ab und zu ein kleiner, verlockend saftiger Fisch, für den ich meine Kräfte jetzt allerdings nicht aufbringen sollte. Sollte mich das grenzenlose Meer beunruhigen und zweifeln lassen, so erreicht es das Gegenteil, entspannt und belebt mich stattdessen. Manchmal braucht es einfach solche Momente, um es wieder schätzen zu lernen, paradoxerweise gerade dann, wenn es einem im Weg steht.

Nach einer halben Ewigkeit Blau taucht ein kleiner brauner Fleck auf dem Wasser auf. Es ist nicht so, dass ich mich ausruhen müsste, aber anschauen kann ich es mir ja. Denn verwenden kann man letztendlich fast alles. Ich weiß noch, als wir einmal lang unterwegs waren, haben wir gefühlt fünfzig Flaschen weit verteilt auf dem Wasser treiben sehen und mit diesen dann ein höchst unterhaltsames Spiel veranstaltet. Sollte ich auch nur eine solche wieder finden, würde sie mir zwar objektiv nichts nützen, doch hätte ich dann eine Ablenkung, eine Erinnerung, und eh ich mich verseh wieder festen Boden unter mir. Ich ändere meinen Kurs und seh nicht hin. Ich lass mich lieber überraschen, entspann mich, schließ die Augen, treib, fühl die Luft auf meinen Federn und es sind Menschen auf einem Boot. Sie hocken da, zusammengekauert, mit zerrissener Kleidung, offenen Stellen überall an ihren Körpern, zwei notdürftig gebastelte Ruder zwischen ihren aufgequollenen Füßen. Ich dreh ab, da hör ich einen Schrei und seh, wie sie aufspringen und Tänze aufführen. Flieg einfach weiter, denk ich mir, du machst alles nur noch schlimmer. Dann kommt der nächste Schrei, der sich nach einem Lachen anhört, und ich werf einen letzten Blick auf sie, wie sie am Bug stehen und mich beobachten. Einer presst sich die Hand gegen die Stirn, einem anderen wird meine Position gezeigt. Ich wechsle alle paar Sekunden die Richtung, flattere wild und seh mich panisch in alle Himmelsrichtungen um. Sie verstehen es nicht. Sie verstehen es wirklich kein bisschen und glotzen unentwegt zu mir, zeigen mit dem Finger auf mich, als müssten sie sich ihr scheinbares Glück jede Sekunde aufs Neue bestätigen, folgen meinem Flug, als wäre er die aufregendste Sache der Welt. Ich sollte weiterfliegen, ich kann jetzt nicht weiterfliegen und sinke etwas. Ihr Gelächter wird lauter, einer klatscht wiederholt. Wenn du in Küstennähe auf sie stößt und sie zu ihrer Rettung begleiten kannst, das ist ein wunderschönes Gefühl, hat Opa erzählt. Ist klar, dass es bei mir ganz anders laufen muss, auch wenn ich ihm seine Geschichte eh nie ganz abgekauft hab. Sie sehen wirklich übel aus. Zu nah ran will ich nicht, denn dann bin ich kein Hoffnungsschimmer mehr, sondern eine lang ersehnte Mahlzeit. Etwas tiefer kann ich allerdings noch fliegen, um die vier zu inspizieren, die tatsächlich fünf sind, weil hinter ihnen noch einer liegt und sich nicht regt. Einer wedelt mit den Armen. Eine Zweite tut es ihm gleich, wenn auch weniger enthusiastisch. Die Dritte ist mit irgendwas in ihren Händen beschäftigt, der Vierte führt allem Anschein nach ein Selbstgespräch. Ihr Gestank, das muss ich leider sagen, ist unerträglich. Ich weiß, dass das nicht unbedingt der Gedanke ist, den man bei so einem tragischen Anblick als Erstes haben sollte, aber so ist es nun mal, und leugnen will ich ihn nicht.

Der eine wedelt immer wilder, folgt meinem Rundflug und achtet kein bisschen auf seinen Stand. Ich brech die Kurve ab und schwebe ein bisschen, damit er nicht ins Wasser fällt. Am liebsten würde ich ihn ins Boot schubsen und festbinden. Er allerdings scheint so begeistert von mir, dass er für diese sinnlose Aktivität seine letzte Energie mit größter Freude verschwendet. Dagegen kann ich nichts tun. Ich weiß, dass ich es einfacher hab, nur kann ich nichts dafür, dass sie uns zu einem Zeichen gemacht haben. Die, die mit ihren Händen beschäftigt ist, steht auf und zielt auf mich. Mein Instinkt übernimmt und treibt mich in die Höhe, woraufhin die beiden Wedler sofort zu schreien anfangen. Ich nähere mich vorsichtig wieder an und seh, dass sie am Rand hockt und mit einer improvisierten Plastikrute angelt. Derart beruhigt, sinke ich immer tiefer, bestimmt tiefer, als ich sollte. So können sie mich genau ansehen, mein Körper nicht nur ein trügerischer Punkt am Himmel, sondern leibhaftig vor ihnen. Ich bin mir meiner Rolle nämlich durchaus bewusst, auch wenn ich nicht alles daran gutheiße. Und grundsätzlich ist das Aufeinandertreffen mit Menschen kein Problem. Fast täglich hab ich mit ihnen zu tun, und die allermeisten Begegnungen sind positiv. Natürlich gibt es die, die mich abwerfen wollen, aber getroffen hat noch niemand. Ein paar ihrer Beschwerden kann ich auch nachvollziehen, etwa wenn einige von uns wieder meinen, komplette Strandbereiche besetzen zu müssen, wo uns doch so viel mehr so viel leichter zur Verfügung steht.

Sie starren immer noch. Glauben fest daran. Was bleibt mir also anderes übrig? Ich fliege eine langsame Kurve an ihrem Boot vorbei und dann in gemächlichem Tempo in Richtung Insel. Hastig schnappen sich zwei die Ruder und paddeln los. Eifrig sind sie dabei, als wäre unser Ziel schon in Sichtweite, und wie jedes Mal erstaunt es mich, wie viel sie für die bloße Fortbewegung arbeiten müssen. Einer spielt den Steuermann und lässt mich nicht aus dem Blick. Hier und da macht er sogar meine Flugbewegungen nach. Währenddessen liegt der Fünfte immer noch regungslos, ein Stück Stoff auf seinem Gesicht, und ab und zu beugt sich einer von den anderen zu ihm. Ich selbst würde gern nach ihm sehen, aber ich weiß, welchen Eindruck das macht, wenn sich ein Vogel auf einen Menschen zubewegt, der kaum mehr einer ist. Was ich für ihn tun kann, ist eben, ihn zu ignorieren und mich auf meine Aufgabe zu konzentrieren. Nach einer Weile nimmt der Abstand zu und ich lasse es etwas entspannter angehen. Sonderlich eilig haben wir es ja nicht. Der Tag ist lang und die Insel bald in Sicht. Sobald sie erscheint, kann ich schnell weiter, werde morgen vielleicht noch einmal nach ihnen sehen, wenn sie dann nicht schon längst entdeckt worden sind. So oder so hab ich zu Hause viel zu erzählen. Und wenn es mir meine Enkelkinder eines Tages nicht glauben, es sich dann komplett lächerlich anhört, soll es mir recht sein. Ich werde an sie zurückdenken und mich fragen, wie sie jetzt wohl aussehen, ob ich ihnen noch einmal begegnen werde, ihnen schon längst begegnet und ohne den Hauch einer Ahnung über sie hinweggeflogen bin. Für ihre missliche Lage sind sie überraschend ausdauernd.

Beinahe wirkt es, als müssten sie mir ihre Rettungswürdigkeit beweisen, weshalb ich mich immer mal wieder zu ihnen herabsinken lasse und in ihre ausgemergelten, glücklichen Gesichter schaue. Gern würde ich ihr Boot ziehen oder wenigstens am Ruder aushelfen. So lenke ich uns eben zur Insel, die immer näher kommt. Der Flug ist angenehm, und ihnen tut es sichtlich gut, wieder etwas zu haben, dem sie sich widmen können. Denn stillzustehen, irgendwo, und nicht wegzukönnen, obwohl einem alles offensteht, das muss ein fürchterliches Gefühl sein. Obwohl wir immer noch Fortschritte machen, kommen sie nach einer Weile nicht mehr so gut mit wie noch am Anfang. Ich reduziere meine Geschwindigkeit und suche den Horizont ab. Die Insel wiederzusehen, wird ein Erlebnis. Nur selten bin ich an ihr vorbeigeflogen und auf ihr war ich noch nie, kann mich nur unscharf an ihre Gestalt erinnern. Wenn ich nur noch ein wenig warte, wird sie sich aus dem Wasser erheben und genau so aussehen, wie sie aussehen muss. Sie, die nur den Sand unter ihren wunden Füßen sehen, werden für einen kurzen Moment alle Schmerzen vergessen, und ich, dermaßen ausgeruht, werde viel schneller fliegen als normalerweise und noch vor Einbruch der Dunkelheit zuhause sein. Denn hat man einmal den kritischen Punkt überwunden, ergibt sich alles andere wie von selbst. Ich höre einen Ruf und sehe nach unten, kann aber nichts Außergewöhnliches erkennen. Sie haben die Positionen gewechselt, was zeigt, dass sie mitdenken. Auch mir hilft das, denn so kann ich mich voll und ganz aufs Fliegen konzentrieren. Ich korrigiere meinen Kurs, fliege eine weitgezogene Kurve, und sie folgen mir mühelos. Kurz werde ich müde, fokussiere mich und fliege weiter. Ein weiteres Mal muss ich verlangsamen. So kommen wir kaum voran, und von der Insel ist keine Spur zu sehen. Auch scheint etwas mit dem zweiten Ruder passiert zu sein, denn jetzt nutzt sie ihre Hand und kommt dabei mit ihrem Kopf dem Wasser immer näher. Hinten im Boot liegt niemand mehr. Wieder und wieder zähle ich sie, aber so viel Mühe ich mir auch gebe, es bleiben vier. Ich sehe mich um. Da ist weit und breit nichts. Sie paddeln weiter. Wir schleichen über das Wasser. Mittlerweile stehe ich fast in der Luft. Ich sehe, dass sie es versuchen, was wirklich zu bewundern ist, nur brauchen sie eindeutig eine Pause und auch etwas Ablenkung. Ich stürze nach unten, fliege kreuz und quer und in Loopings, lasse mich fallen und fange mich erst kurz vor dem Wasser wieder. Das alles erheitert sie kein bisschen, und bei meinem gespielten Sturz macht sich eine bereit, mir ins Wasser hinterherzuspringen. Ich stabilisiere meinen Flug, dreh zu ihrer Beruhigung drei einwandfreie Runden um das Boot und steige wieder zu meiner bisherigen Position auf. Dort schwebe ich und seh sie wie in Zeitlupe unter mir hindurchpaddeln, folge ihnen, bremse ab, lasse sie aufholen, fliege voraus und der Horizont bleibt leer. Vielleicht, höchstwahrscheinlich sogar, wäre es angebracht, mich einige Meilen in alle Richtungen erkunden zu lassen, doch weiß ich, was passiert, wenn ich das auch nur andeute, weiß ich nicht, was passiert, wenn ich es tatsächlich umsetze. Mein Magen macht sich bemerkbar. Problemlos könnte ich uns allen ein Festmahl besorgen, will aber nicht wieder von unserem Kurs, der keiner mehr ist, abkommen, sondern ihnen zeigen, dass ich hier bin und hier bleibe. Was haben sie denn? Die Gemeinschaft längst nicht mehr, sich selbst kaum noch. Nur noch den Gedanken an mich und das Land, von dem ich mich nie weit entferne. Wenn ich darüber nachdenke, hätte ich sie umfliegen, sie einfach ignorieren sollen. Jetzt aber bin ich hier und sie sehen zu mir hoch, so wie sie mich vor Ewigkeiten schon angesehen haben, mit diesem breiten Grinsen, das noch viel breiter wäre, könnten sie ihre Gesichtsmuskeln wie üblich kontrollieren. Diese kleine Freude will ich ihnen gar nicht nehmen. Und vielleicht ist es besser für mich, wenn sie nicht verstehen, sonst werden sie noch wütend. Denn die Insel kommt niemals, nicht in dieser Richtung. Aber jetzt umdrehen, das kann ich ihnen nicht zumuten. Außerdem muss es keine Insel sein. Ein Schiff reicht. Wenn es am Horizont auftaucht, fliege ich es holen, das verstehen auch sie. Und je länger keines kommt, desto eher größer die Wahrscheinlichkeit, dass bald eins auftaucht. Wir müssen also nur noch ein bisschen durchhalten. Trotzdem rudern sie noch, ahmen zumindest die Bewegungen nach, und auch ich schlag ab und zu mit meinen Flügeln. Langsam wird es dunkel. Ich weiß, welche Wirkung die Nacht auf sie hat. Ich kenne das von den mutigen Nachtschwimmern, die sich bei jeder Kleinigkeit zu Tode erschrecken. Gern würde ich ihnen die Angst nehmen, ihnen sagen, dass sich nichts ändert, während der düsteren Stunden über sie wachen. Aber irgendwann muss ich los, denn auch ich kann nicht ewig. Dann fliege ich zurück nach Westen, da muss die Insel sein, das weiß ich jetzt. Ich bin vorhin gedankenverloren an ihr vorbeigeflogen. Diesmal muss ich nur meinem Instinkt folgen, der hat mich schon immer an mein Ziel gebracht. Ein Stück geht aber noch.

Foto: Maiken Brathe

Ein Streifzug mit Philosophin

Anne Buchmann

Rückwärtsgehen

Geh ein Stück rückwärts! Achte auf die Grasnarbe, die an den Wegrand stößt, damit du nicht stolperst. Blumen wachsen dort keine, du musst nicht fürchten, sie zu zertreten.

Geh weiter, immer rückwärts! Ich weiß, es ist schwer, sich auf den dicken Klumpen aufgebrochenen Bodens zu bewegen. Vertraue der Erde, du kannst dich auf den Schollen treiben lassen. Nur noch ein kleines Stück. Ich will dir etwas zeigen. Jetzt kannst du stehen bleiben. Sieh in die Ackerfurche unter dir! Eine riesige Landmaschine muss sie gezogen haben, vielleicht im Scheinwerferlicht, um die Arbeit effizienter zu machen. Den Fahrer kann man von unten in seinem Führerhaus nicht erkennen, so hoch thront er über dem Feld. Er (oder sie – du hast recht!) muss sich beeilen, der Tag reicht längst nicht mehr zum Eggen und Pflügen, zum Säen und Dreschen. Die Herden wollen heutzutage überfüttert werden.

Geh weiter, immer weiter zurück, bis du an die nächste Furche gelangst. Denke dir, ein kleinerer Traktor hätte die Erde gepflügt, ein Mann auf dem offenen, schwankenden Bock, vielleicht die Frau daneben, im Sommer hätte sie sicherlich ein weißes Kopftuch getragen.

– Ich finde das Bild auch romantisch, aber um romantische Bilder geht es mir nicht. Bleib nicht stehen! Geh weiter zurück! Da hinten zieht ein Pferd den Pflug. Die Egge in der Erde zu halten, kostet Kraft und Arbeitsplätze! Wer so pflügt, braucht kein Fitnessstudio, der kommt nach Hause und ist geschafft und etwas geschafft, das hat er auch. Selbstverständlich nicht so viel wie mit dem Traktor. Wer nur ein Pferd hat, aber einen Traktor kennt, der wird unzufrieden. Zufrieden wird er hingegen, wenn er sich einen Ochsen denkt, aber dafür musst du weiter zurückgehen! Ein Ochse also, der geht nicht so gut vor dem Pflug wie ein Pferd. Apropos! Du musst weitergehen! Nicht stehen bleiben! Mit einem

»Wo kommst du eigentlich her?«

Lars schwimmt zu meinem Finger, dann seine üblichen Runden.

Der Kater kommt, dem Pierre, der große Tierschützer, keinen Namen gegeben hat. Ich verbanne ihn in den Flur. Aus Solidarität zu Lars.

»Wie geht es dem Goldwesen?«, fragt Sandra am Telefon.

»Weiß nicht«, gebe ich zu. »Wo habt ihr ihn her?«

»Willst du ihn zurückgeben?«

»Nein, das nicht.«

»Ich dachte schon.« Sandra kichert.

Seine Herkunft bleibt geheim.

»Sandra nervt mich manchmal«, sage ich zu Lars. »Auch, wenn sie eigentlich in Ordnung ist.« Ich streue ihm Flocken ins Wasser, er schwimmt nach oben, schnappt ein paar Krümel. Er hat Zeit. Niemand wird ihm etwas wegnehmen. Das Futter ist hochwertig und ökologisch. Immerhin.

»Pierre versteht mich nicht«, sage ich.

Lars ist mit den ökokonformen Futterflocken beschäftigt. Ich tippe sanft gegen das Glas. »Er will es auch gar nicht, glaube ich.«

Lars schwimmt Runden. Ich widme mich der Marketingbroschüre, die morgen fertig sein soll. Lars sieht mir dabei zu.

Die Broschüre kommt nicht gut an. Die Bilder seien passend, der Text zu pathetisch. Lars und ich schweigen.

Aus Pierre wird Miguel. Lars bleibt.

»Miguel hat noch nicht von Liebe gesprochen«, erzähle ich Lars, streue ihm Flocken und ein paar Maiskörner in das Wasser. »Aber das wäre vielleicht auch zu früh.«

Lars sieht aus, als würde er sich freuen. Er dreht eine Glasrunde und noch eine. Ob er lieben kann? So richtig heftig? Und wen eigentlich, wenn er nur mich kennt?

»Er hat immer noch nicht von Liebe gesprochen.« Ich habe entdeckt, dass Lars Mückenlarven interessant findet. Er verzehrt sie schneller als alles andere.

»Nicht mal im Ansatz. Auch keine Andeutung oder so.«

Meine Augen sind müde.

Nachts schläft Lars. In Bodennähe, mit offenen Augen.

Miguel zieht aus.

»Ist besser so«, sage ich Richtung Glas, meine es auch. Ein bisschen zumindest.

Ich färbe meine Haare rötlich, sieht gar nicht so schlecht aus, schmeiße einen liegen gebliebenen Pullover von Miguel aus dem Fenster. Ziemlich pubertär. Der Wurfmoment tut gut. Danach ist es noch schlimmer.

Lars schwimmt wenig. Er nähert sich auch nicht mehr, wenn ich meinen Finger an das Glas halte. Ich weiß nicht, warum.

»Was ist denn passiert?«, frage ich.

Er dreht sich um, sieht zum Fenster. Ich muss etwas

schluchzen. Aber ich versuche, dass er es nicht hört.

In meinen Mails eine Nachricht vom »Bitte-nicht-so-viel-Pathos«-Menschen. Ich lösche sie, entferne Pierres und Miguels Nummern, schalte mein Telefon aus.

Ich nehme das Goldfischglas. Es ist schwer, aber ich kann es tragen. Ich setze es im Hausflur ab, klinke die Wohnungstür zu, laufe los. »Keine Panik, Lars.«
Lars verharrt. Vielleicht eine Art Schockstarre. Woher soll er auch wissen, wie ihm geschieht, wenn jemand sein Zuhause herumträgt und alles bebt. Vermutlich erlebt er so viel Außen wie nie.
»Gleich wird alles ruhiger. Versprochen.«

Ein Mann starrt mich an. Das Glas. Dann wieder mich. Als hätte er noch nie eine Frau mit einem Goldfisch im Arm gesehen. Nicht mal in Gedanken. Was für ein fantasieloser Mensch. Jeder müsste einmal … Sandra und Marc. In einem Straßencafé. Lachend. Ich biege in eine Seitenstraße. Das Wasser schwappt über. Lars bewegt sich wieder. Eine Art Selbsterhaltungsflucht. Nur wohin?

»Halte durch«, flüstere ich.

Lars bleibt aufgeregt. Sein Wasserhaushalt wurde gerade knapper. Die Außenwelt rauscht vorbei. In Ordnung, da wäre ich auch aufgeregt. »Ich habe einen Plan. Vertrau mir.«

Wir laufen den schmalen Weg in den Wald hinein. Ich schwitze, das Glas ist unhandlich. Ich stelle es ab, atme durch, stemme es wieder hoch, laufe weiter. Das Licht ist ziemlich schön heute Abend, nahezu erholsam, wenn man nicht gerade ein riesiges Goldfischglas balanciert.
Am Waldteich halten wir an.
Ich muss weinen. Keine Ahnung warum, schließlich habe ich mir Lars nie gewünscht, geschweige denn ihn eingeladen Trotzdem.
Ich stelle das Glas an das Ufer, entferne den Filter, schließe die Augen. Atme. Öffne sie wieder. Halte meinen Finger an das Glas. Lars schwimmt zur Zeigefingerspitze. Ich muss lachen, weinen, lachen, stemme das Glas hoch, schütte alles aus.

Goldfischwasser zu Waldteich. Kies zu Kies.

Lars schwimmt große Runden.

Foto: Ina Bhatter

Rezension von Ina Bhatter

Singe ich, tanzen die Berge

Irene Sola

»Singe ich, tanzen die Berge« ist ein wahrer Schatz von einem Buch. Voller Poesie, Mystik und großer Erzählkunst nimmt Irene Solà ihre Leser:innen mit auf eine Reise in die Pyrenäen, in die karge Bergwelt Kataloniens und zu all den Geschichten, die es zu entdecken gäbe, wenn etwa Gewitterwolken sprechen könnten, Verstorbene, Pilze oder Tiere. Was sie tatsächlich können, zumindest auf den 204 Seiten dieses Romans. Und wie sie sprechen, mit welcher Wortgewalt, und was sie zu erzählen haben! Vom jungen Bauern Domènec etwa, den der Blitz erschlägt, von seiner Frau Sió und den Kindern Mia und Hilari und wie ihr Leben weitergeht, trotz allem, voller Pflichterfüllung und Entbehrungen. Von Hexen, die keine sind, von Legenden und Aberglauben und vielem mehr, was in diesen unwirtlichen Bergen vor sich geht und tragisch sinnlos erscheint und doch auf fast tröstliche Weise zusammenhängt und einen Kreis ergibt, der sich am Ende schließt. Dabei fängt die Autorin das Leben in dieser Abgeschiedenheit und besonders die subtilsten Stimmungen geradezu meisterhaft ein, mit einer Sprache so dicht, intensiv, sinnlich, bildhaft, lyrisch und atmosphärisch, dass ich viele Sätze mehrmals gelesen und häufig zurückgeblättert habe, damit mir nichts entgeht. Wirklich große Literatur, großartig übersetzt aus dem Katalanischen von Petra Zickmann.

Djamila

Tschingis Aitmatows

Als ich Tschingis Aitmatows Novelle, die vielgepriesene und weltbekannt gewordene, 1958 als Abschlussarbeit am Literaturinstitut entstandene und von ihrem französischen Übersetzer Louis Aragon prägend als "die schönste Liebesgeschichte der Welt" betitelte Geschichte Djamila, als Jugendliche zum ersten Mal gelesen habe, blieb sie mir einigermaßen fremd. Zumindest konnte ich das hochtrabende Lob nicht recht nachvollziehen.

Erst der 1986 erschienene Roman Der Richtplatz hat mir gezeigt, was für ein toller Autor der Kirgise Tschingis Aitmatow ist.

Nun erscheint in der wunderbaren Reihe der von Kat Menschik illustrierten Lieblingslektüren die berühmte Geschichte neu, in der bewährten Übersetzung von Gisela Drohla.

Gleich verliebt man sich in die in gedeckten Blau- und Gelbtönen gehaltenen Illustrationen von Kat Menschik, die oft ganz nah an ihre Motive herangehen, an Gesichter, Hände, Pflanzen und immer wieder an das Korn, das im Sommer 1943 in dem kleinen kirgisischen Dorf geerntet wird und so sinnlich für diese Jahreszeit steht.

Es ist eine verbotene, eine eigentlich unmögliche Liebesgeschichte in einer schrecklichen Zeit, die aber in die grandiose Natur Kirgisiens noch nicht ganz vorgedrungen ist. Die Kornernte steht an wie jedes Jahr, nur der versehrte Kriegsheimkehrer Danijar zeugt von den Kämpfen, die anderswo toben. Er ist ein Träumer und singt wunderschön. Zwischen ihm und der jungen Djamila knüpfen sich zarte, verbotene Bande, denn Djamilas Mann Sadyk ist an der Front. Beobachtet und erzählt wird vom 15jährigen Bruder Sadyks, den es dennoch auch sehr zu Danijar hinzieht, erweckt dieser durch seine künstlerische Art doch auch seine Leidenschaft fürs Malen.

Eine zarte, wirklich wunderschöne, durch ihre die Traditionen und die raue Schönheit der Natur transportierende Art wirklich zauberhafte Erzählung.

Jedes Buch braucht seine Zeit. Gut, dass die großartige Reihe von Kat Menschik illustrierter Bücher mir diese Perle noch einmal vorgelegt hat.

Rezension von Petra Reich

Was bedeutet Natur für dich und dein Schreiben?
Wir modernen Menschen haben uns sehr weit von der Natur entfernt, deren Teil wir aber nun einmal sind. Das zeigen uns jüngst in aller Deutlichkeit Corona und die Klimakatastrophe. Im Zentrum meines Schreibens steht immer der Mensch mit seinen vielfältigen Gründen und Abgründen, den ich aber nicht ohne Natur denken kann. Insofern ist die Natur für mich nicht nur ein Schreibanreiz im Sinne einer Naturbetrachtung, sondern das große Ganze, in dem und durch das der Mensch handelt.

Tina Brüggener ist in Leipzig aufgewachsen. 2019 erhält sie den 1. Preis des Kurzgeschichtenwettbewerbs »zeilen .lauf« in Baden bei Wien. Sie verfasst Lyrik, Kurzgeschichten und arbeitet derzeit an einem Romanprojekt. tinabrueggener.de

Was bedeutet Natur für dich und dein Schreiben?
Wenn Gedanken hängen bleiben oder bewegungslos werden, gehe ich raus, beobachte Bäume und alles, was ist. Ideen beginnen zu fliegen. Weil das Draußen das Drinnen erhebt.

Anne Buchmann, Jahrgang 1983, hat Germanistik und Philosophie studiert. Ihr Hauptinteresse galt lange der Erkenntnistheorie, verlagerte sich aber in den letzten Jahren in Richtung umweltethischer Fragen.

Sonja Dörr lebt mit ihrer Familie in der Nähe von Siegen. Den Lehrerberuf hat sie für das Schreiben aufgegeben. Seit 2021 betreibt Dörr nebenbei einen Buchblog unter dem Pseudonym »die_buecherweltenbummlerin«.

Was bedeutet Prosa:ist:innen für dich?
Für mich bedeutet Prosa:ist:innen Herausforderung und Chance zugleich. Der wöchentliche Impuls hilft mir, mich neuen Themen zu öffnen, und dabei entstehen Geschichten, auf die ich ohne »Montagswort« nicht gekommen wäre. Und manche davon möchten weitererzählt werden.

Michael Duszat schreibt Essays, Gedichte und Erzählungen. In Deep-Reading-Workshops bringt er Menschen bei, langsamer zu lesen. Nebenbei arbeitet er als Schreibcoach, Lektor und Deutschlehrer.

Hast du einen besonderen Tipp für Schreibanfänger:innen?
Bleibt möglichst nahe beim Basislager. Schreibt alles auf, was während des Tages passiert, besonders die sich wiederholenden Ereignisse. Sobald die Luft toxisch wird, hört auf zu denken; eure Gedanken würden euch in die falsche Richtung führen. Abends solltet ihr eure Ausrüstung reparieren und euch gegenseitig Geschichten aus der Heimat erzählen.

Oliver Graf, geboren 1970 in Gmunden, Oberösterreich. Studium in Wien und Graz. Einstieg ins Berufsleben. Mehrjähriger Aufenthalt in den USA. Lebt heute in Erlangen, Bayern.

Was bedeutet Natur für dich und dein Schreiben?
Geschichten schreibe ich über Dinge, die mich wirklich interessieren und bewegen, weshalb sich mein Schreiben fast immer um den Menschen in unserer Zeit dreht. Neben individuellen Erfahrungen meiner Charaktere und den sozialen Veränderungen stellt die Natur dabei den dritten wesentlichen Einfluss für mein Schreiben dar. Insofern entstehen seit Jahren Texte, die sich mit der Umwelt, unserem Umgang mit ihr und den daraus resultierenden Konsequenzen auf unser Leben beschäftigen.

Iliana Karagialani schreibt über das Leben und seine Umstände. 2016 gewann sie den Haidhauser Werkstattpreis. Ihre preisgekrönte Geschichte erschien in den LiteraturSeiten München. Dem folgten ihr Debüt »MinusEins – Unheil aus Versehen« und weitere Veröffentlichungen in Anthologien und Literaturmagazinen.

Was bedeutet Natur für dich und dein Schreiben?
Es kam schon vor, dass ich mich auf den Waldboden hockte und zu s c h r e i b e n begann, bis der Ammoniakdunst des Ameisenhaufens gleich neben mir den besonders emsigen Worten die Luft raubte. Auch kam es vor, dass ich mich auf einem Fels gleich neben dem Gipfelkreuz wiederfand, während ich dem Urgestein v o r l a s, bis der Bergwind die zu leichten Sätze verwehte. Das Überflüssige loszulassen, das lehrt mich die Natur, auch beim Schreiben.

Katja Kipping wurde 1979 in Altenburg/Thüringen geboren und lebt in Gerstenberg. Sie studierte Prosaschreiben bei der Textmanufaktur. Die Autorin hat mehrere Kurzgeschichten in Anthologien veröffentlicht und ihr erstes Romanprojekt fertiggestellt.

Was bedeutet Prosa:ist:innen für dich?
Die von Julia und Sabine geschaffene Plattform »Prosa:ist:innen« ist für mich Netzwerk, Gemeinschaft und Impulsgeber in einem. Hier trifft man Gleichgesinnte und kann sich über alle Facetten des Schreibens austauschen. Dieses respektvolle Miteinander empfinde ich als sehr hilfreich.

Martina Lenz lebt mit ihrem Mann in Köln, hat lange als Journalistin bei TV und später als Coach gearbeitet. Sie schreibt Kurz- und Langprosa, ihr erster Roman ist im Lektorat.

Was bedeutet Prosa:ist:innen für dich?
Die beiden Prosa:ist:innen Sabine Gelsing und Jule Hoch sind für mich der Beweis, dass gute Ideen, Mut und Fleiß sich lohnen. Innerhalb kurzer Zeit haben sie im Dschungel des Literaturbetriebs eine kleine, feine Marke geschaffen und viele Schreib- und Lese-Aficionadas um sich versammelt. Es ist mir eine Ehre, in ihrem Magazin veröffentlicht zu sein.

Karina Luger, aufgewachsen in einem Dorf in Oberösterreich, Studium Germanistik und Geschichte an der Universität Salzburg. Verheiratet, zwei Kinder. Lebt und arbeitet in Linz. Veröffentlichungen in Anthologien.

Wie gehst du mit Kritik bezogen auf dein Schreiben um?
Kritik ist das Schlimmste und das Beste, was einem passieren kann. In Geschichten legt man die Seele offen, darum muss man höllisch aufpassen, von wem man Kritik an sich heranlässt. Sie ist aber enorm wichtig. Ohne sie gibt es keine Weiterentwicklung. Ein guter Kritiker stellt wohlwollend clevere Fragen zum Text und eröffnet einem einen Blick auf Ungereimtheiten, inhaltlich nicht Nachvollziehbares und sprachlich Fragwürdiges. In Literaturkreisen gibt es immer wieder nette Leute, die absolut dafür infrage kommen!

Fabian Lutz, Literaturwissenschaftler, Journalist, Autor. Geboren 1990, lebe ich seit 2010 in Freiburg im Breisgau. Veröffentlichungen in Literaturzeitschrift *Haller*, *Die Novelle*, *Das Narr*, *neolith*.

Wie gehst du mit Kritik bezogen auf dein Schreiben um?
Die Kritik erst stur anfechten, dann klein beigeben, dann einen Mittelweg suchen. Was aus einem halb akzeptierten Feedback erwächst, ist meist ein hübscher Texthybrid.

Liv Modes (* 1997) ist Autorin und Mitgründerin des Autor*innen-Netzwerks #BerlinAuthors. Bisher erschienen Romane im Eisermann Verlag und bei impress (Carlsen), eine Kurznovelle im Selfpublishing sowie mehrere Kurzgeschichten.

Wie gehst du mit Kritik bezogen auf dein Schreiben um?
Für mich ist gehört sie unabdingbar dazu, auch wenn es manchmal wehtun kann. Texte sind ja etwas sehr Persönliches und nicht jede Kritik ist konstruktiv. Trotzdem lerne ich nirgendwo sonst so viel übers Schreiben.

Markus Peter (Jahrgang 1974) arbeitete als Staatsanwalt, Richter und Rechtsanwalt. Zuletzt veröffentlichte er in der Anthologie 2021 des Literaturhauses Zürich. Er lebt mit seiner Familie in der Nähe von Bonn.

Wie sieht deine Schreibroutine aus?
Wenn das Schreiben neben Fulltime-Job und Familie Platz finden soll, wird es natürlich schwierig, von einer Routine zu sprechen. Und schließlich muss man noch von der Muse geküsst werden und hoffen, dass dann gerade Wochenende ist und etwas Zeit zum Schreiben besteht. Ich versuche einfach, Ideen zu sammeln, notieren, merken und dann mir Freiräume zu schaufeln, in denen ich die Ideen in Ruhe zu Personen, Handlungssträngen und Pointen auf den Seiten zusammenführen kann.

Markus Schneider wurde 1980 in Stuttgart geboren und arbeitet seit nunmehr 15 Jahren in Hamburg in einer Kinder- und Jugendpsychiatrie als Psychotherapeut. Er hat Kurzgeschichten in verschiedenen Anthologien und auf der StoryApp veröffentlicht.

Wie gehst du mit Kritik bezogen auf dein Schreiben um?
Ich glaube schon, dass es bei aller Subjektivität gute und schlechte Texte gibt, oder Sätze, Abschnitte, Metaphern, Vergleiche. Und es gibt gute und es gibt schlechte Kritik. Und wenn mir dann ein Mensch mit guter Kritik hilft, meine schlechten Textstellen zu erkennen, versuche ich

mich zu darüber freuen. Was zugegeben nicht immer leicht ist.

Ulla Schuh, geboren 1978 in Nürnberg. Studierte Germanistik und Geschichte in Erlangen und Wien. Sie arbeitet als Gymnasiallehrerin und leitet eine Schreibwerkstatt für Jugendliche. Veröffentlichungen in Literaturzeitschriften (Wortlaut, DUM, Am Erker).

Hast du einen besonderen Tipp für Schreibanfänger:innen?

Ich habe einen Tipp, um sich nicht unter Druck zu setzen, eine gute Geschichte schreiben zu wollen. Täglich 15 Minuten schreiben, ohne den Stift abzusetzen. Pausen sind tabu! Man darf, wenn man nicht mehr weiter weiß, auch das einfach aufschreiben, aber meistens strömt der Gedankenfluss dann ganz von alleine. Nach ein paar Wochen hört man die innere Stimme überdeutlich und die (vielleicht überraschenden) Themen für Geschichten liegen – ganz ohne Zensur – vor einem.

Johann Seidl schreibt Lieder, Gedichte und Kurzgeschichten, malt und fotografiert. Der Autor kocht gerne und ist passionierter Gärtner mit einem gut besuchten Garten-/Foodblog. Er arbeitet derzeit als Öffentlichkeitsbeauftragter einer Umwelt-Forschungseinrichtung.

Was bedeutet Natur für dich und dein Schreiben?

Natur ist, wo ich zu Hause bin, wo ich mich sicher fühle. Das ist mit Menschen nicht immer so. Natur ist manchmal hart, aber nicht falsch, verschlagen, manipulativ. Deswegen bin ich ganz offen ihr gegenüber, und finde Worte, die ich für mich und andere nicht finden kann.

Thyra Thorn ist Ethnologin und Mitglied im deutschen Schriftstellerverband. Sie schreibt für österreichische und deutsche Literaturzeitschriften. Ihr neuester Roman: »Luxus?«

Hast du einen Tipp für Schreibanfänger:innen?

Schreiben, schreiben, schreiben – über alles, über Gott und die Welt. Dann den Text 2–3 Wochen liegenlassen und danach gnadenlos korrigieren. – Welches Wort kann weg? – Diesen Vorgang 6 bis 7 Mal wiederholen. Letztendlich muss aber nicht jeder Text veröffentlicht werden. Mir zum Beispiel sind einige vielleicht etwas vorschnell veröffentlichte Texte heute ziemlich peinlich.

Benjamin Wimmer, geboren 1996 in Bayreuth. Studium der Literatur- und Politikwissenschaft in Frankfurt am Main. Veröffentlichungen u. a. in: Am Erker, DUM, Jenny, erostepost, Kliteratur.

Hast du einen besonderen Tipp für Schreibanfänger:innen?
So banal es klingen mag: Sehr viel lesen, sehr viel schreiben. Viel üben, viel ausprobieren, wieder und wieder an den eigenen Texten arbeiten – so findet man irgendwann seinen Weg.

introspektiv #4

erscheint voraussichtlich Ende 2022